量体裁衣

服装款式制作与裁剪实例教程

[英] 沙妮娜 · 巴利 编著
邓胜立 薛嘉雯 蔡善文 译

人民邮电出版社
北京

CONTENTS
目录

作者简介

我是英籍尼日利亚人，非常热衷于时尚和缝纫。虽然我一直都很热爱时尚，但几年前才开始我的裁剪之路。在买了第一台缝纫机，经历过几次失败而拙劣的缝纫后，我决定去请教我的姨妈（她是一位裁缝），以期学习她的神奇技法。她徒手裁剪的技艺十分高超，让我急切地想将头脑中的种种想法付诸实践。我花了三个月时间学会了徒手裁剪，并热衷于用这种方法来装扮自己。敢于冒险进入时尚行业的种子终会开花结果。

我为自己缝制了三个月的衣物后，因为想知道如何使漂亮的衣服适合各种体形和尺码的女士，所以我开始为家人和朋友设计、裁制衣服，为各行各业的私人客户缝制服装。2014 年我参加了 BBC 的“英国裁缝师达人秀”节目，从与评委和同行的交流中获益良多，与许多志同道合的朋友们聚在一起花费了大量的时间来缝纫，真是让人流连忘返。

这不是一本常规的缝纫教程，如果你观看过那档达人秀节目，你会了解到我不是一位传统的裁缝。这本书将告诉你如何用徒手裁剪的方式来缝制出美丽、典雅和时尚的服装。任何对缝纫有兴趣的人士，尤其是越来越多的年轻人想初涉缝纫都适宜使用本书。我想为初学者提供一种全新的时髦的家居缝纫方式，也想倡导经验丰富的裁缝们远离传统规则，尝试这种令人耳目一新的徒手方法。学习这种徒手裁剪方式前我对缝纫知识一无所知，在上达人秀之前也从来没有学过打版制衣。这是一项人人都能学会的技巧，期待你循序渐进地学习实践。

brother

第 1 章

关于徒手裁剪

徒手裁剪是将你身体部位测量的尺寸直接标记在布料上，再用简单的工具和一套通俗易懂的方法，裁制服装并使之贴合体形。这个方法可以让你根据自己的身材和尺寸精确地裁剪成型——不用再到周围找服装店买衣服了，把商业化的板型调整成适合我们自己穿着的款式就行！

虽然徒手裁剪的理念在西方时尚界业已倡导，但这种方法只在少数欠发达地区通过传统方式来实现。全球时尚产业日新月异，遍布各式各样的着装传统。在亚非国家，许多服装即使不是完全徒手制成的，也有不少是参考了这种方法。我对尼日利亚的徒手制衣方法了如指掌，虽然这已经让我的缝纫技术和时尚风格更具有审美性，但我并未故步自封，而是进一步发展了所学，以高品质的标准从内而外裁制每一件服装，力求品质上乘、性感修身。

本书涉及了一些关键技巧及画图、裁剪和五款基本板型的样式制作，然后展示了如何把它们运用到不同的款式制作中。这些款式妙趣横生、由易到难。对我来说，缝纫不仅仅是门手艺，也是设计。我们缝制的服装剪影是永恒的、美丽的，会一直横亘在时尚的历史长河中。我们可裁制出为参加纷华靡丽的活动如豪华派对或舞会的精美礼服、散发女性魅力的美丽上装以及更多款式的服装，让您的衣橱焕然一新。

缝纫必备工具

虽然现在缝纫工具越来越高科技化，噱头也越来越多，但我认为这些新型工具只是换汤不换药。在发现能用花哨的机器压脚之前，我一般都是用标准式压脚来缝制隐形拉链。最近在我的一个工作坊里，学徒们开始都对隐形拉链压脚感到有些恐慌，于是我教他们用标准式压脚来装隐形拉链。他们很快得心应手，也留下了深刻印象，我也在我的清单上添加了一个新的教学技巧！

有点跑题了！言归正传，虽然现代化设备让生活更便捷，但这些并不是必不可少的。你不必因为没有钮孔压脚而不去做扣眼；你可以小心翼翼地用机器做出 Z 字缝或用手缝代替。甚至不需要用拆线器来拆掉弄错的地方，只需在两层布料之间用一块小刀片小心滑过就能快速地解决。

基本工具包

缝纫机 • 熨斗和熨烫板 • 卷尺 • 小剪刀 • 裁布专用剪刀 • 拆线刀或刀片 • 手缝针 • 珠针 • 布料记号笔（我通常用铅笔或划粉）• 与布料颜色匹配的缝纫线。

其他工具

直尺 • 锁边机 • 锯齿剪刀 • 制作模板的廉价涤棉布 • 斜开料 • 黏合衬。

缝制技法

我确信，一旦你能够将缝纫机和缝制技法完美地结合在一起，你就可以完成几乎所有你想要的缝制任务！掌握几个基本要领，如平缝和暗包缝，将有助于让你的工作更加专业，还有一些其他方法，我也会教你去掌握。以下就是我常用的缝制技法！

缝线类型

本书中的大部分缝线类型都很简单——仅仅需要把布片的正面放在一起并车缝，根据不同的款式要求选用特定的缝份宽度。这里有一种比较专业的车缝方法值得掌握，那就是来去缝。这种车缝方法通常用在衬衫上，对于那些薄的或轻盈的白色布料会比较适用。它可以让你在穿衣时不会露出缝份，尤其是那些容易被磨损的轻盈布料，尽管所有缝份的布边都被缝合了。我一般在做简易雪纺外套时会用上它（详见 78 页）。

来去缝

1 将两片布料的反面相对放在一起并车缝，取 6mm（0.25 英寸。约值，下同）的缝份。把缝份熨压开，从距离缝线处 3mm（0.125 英寸）的地方修剪缝份。

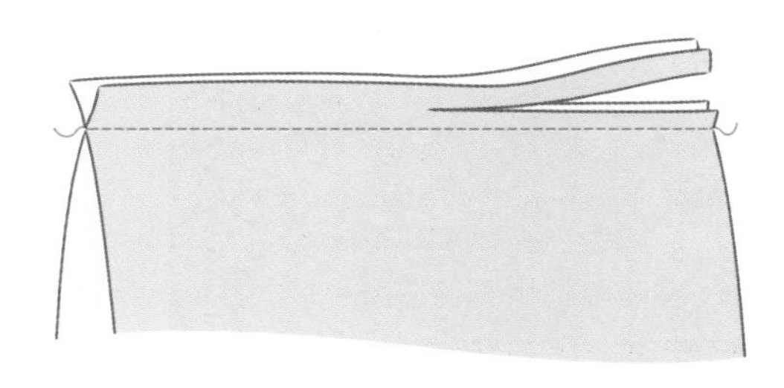

2 沿着刚才的车缝线折叠布料的正面。用珠针固定并取 1cm（0.375 英寸）的缝份车缝第二条缝线。

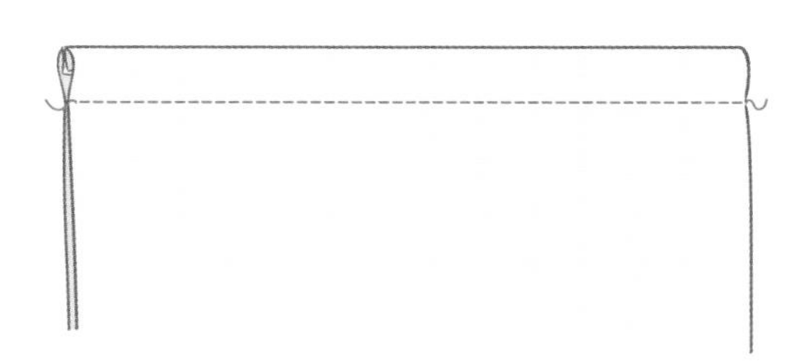

3 把接缝熨压到一边。

缝线后整理

衣服缝线后的整理方法有很多种，这只是其中的一些。因为我经常使用这些方法，所以在此特意提及。

锁边缝

对于生手来说，使用锁边机是令人感到恐慌的，但是一旦你得心应手，它将成为你必不可少的帮手。锁边机用成圈的缝合线来缝合布料边缘，以防止布料磨损。同时，锁边机上的两个刀片可修剪多余的缝份，以减少布料的堆积。

将接缝做锁边处理能够使服装里衣达到商场出售的成衣的效果，而且可以防止布边接缝中杂乱无章的缝线造成的不雅。在锁边之前，用同样的一块布作为样布来测试布料的张力是很重要的，因为锁边机的缝合不像缝纫机那样操作简单，相信你也不想在真正的服装上出差错。

你还可以用锁边机卷边（见 12 页），每台机器都附有使用说明书，可以根据里面的指导进行操作。如果在锁边时拉伸布料，就会缝制出漂亮的波浪形底摆，为你的服装锦上添花。

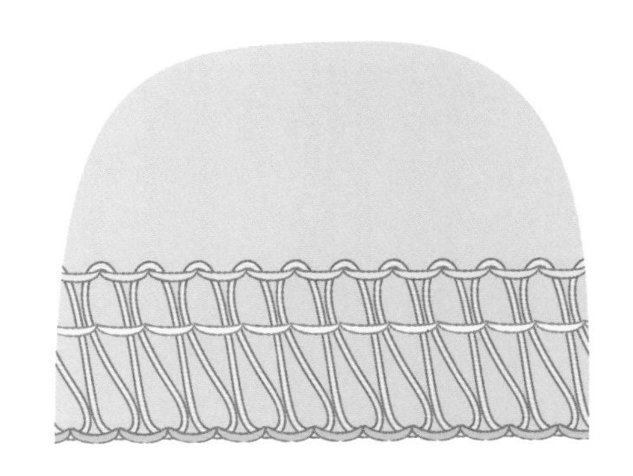

Z 字缝

Z 字缝可以替代锁边缝，和锁边缝一样，也可以防止布料脱散，但是无法达到(商店售卖)的成衣效果。Z 字缝的关键是要确保线迹宽度要适合使用的布料。同样，可以用一小块布料测试缝纫的位置，如果测试满意就把缝份修剪到 1.2cm（0.5 英寸）宽，并进行 Z 字缝。

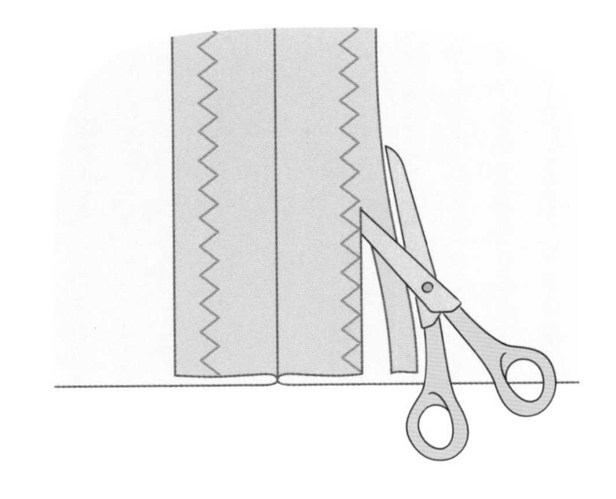

修剪接缝

修剪弧形的接缝是很重要的，如果没有做好的话就会使领口和接缝起皱。修剪缝份能够让接缝更加灵活，还可减少布料的堆积。

若修剪凹形曲线缝份，需沿着接缝把布料折叠一点，并倾斜地剪出一个楔形。修剪时要远离缉缝线，避免剪断，并且每间隔2.5cm～4cm（1英寸～1.5英寸）修剪一下。

如果要修剪凸角曲线缝份，只需要在缝份上修剪出一个小直线剪口就可以了。这些剪口应尽可能地贴近缝线，同时打剪口时要保持一定规律的间隔。

如果要修剪边角，只需在边角的顶端简单地以倾斜的角度横截于角上修剪即可。修剪时，落刀处应该在不损坏缝线的情况下尽可能地贴近缉缝线。

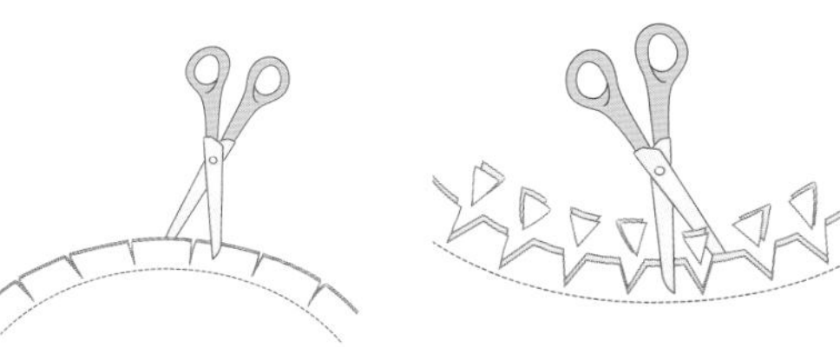

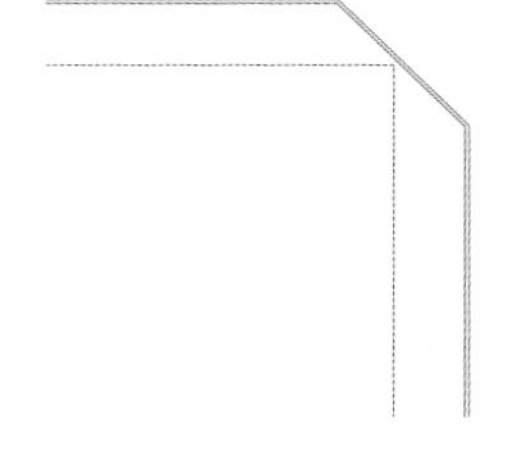

暗包缝

这种工艺使人在穿着服装时能避免显露衬里和贴边，在缝制袖窿和领口时尤为重要。暗包缝对任何有贴边的边缘都很重要。我一般习惯从衣服的右侧做暗包缝，因为我发现这样更容易让缝线保持直线，但是你要反复试验，找到最适合自己的方式。

1 已经缝合或修剪接缝后，展开布料，使接缝在中间。

2 用手指按住缝份，使其朝向里布或贴边。

3 在原先的缝线下再缝制一道车缝线，注意与原缝线的距离不要超过3cm（0.125英寸）。沿着第二道线（暗包缝线）翻折布料的背面，这样布料的正面就朝上了，然后熨烫。现在，里布或贴边就会在服装的背面，并且稍微有点卷起来。熨烫这个地方，你将得到一个干净、完整的边缘。

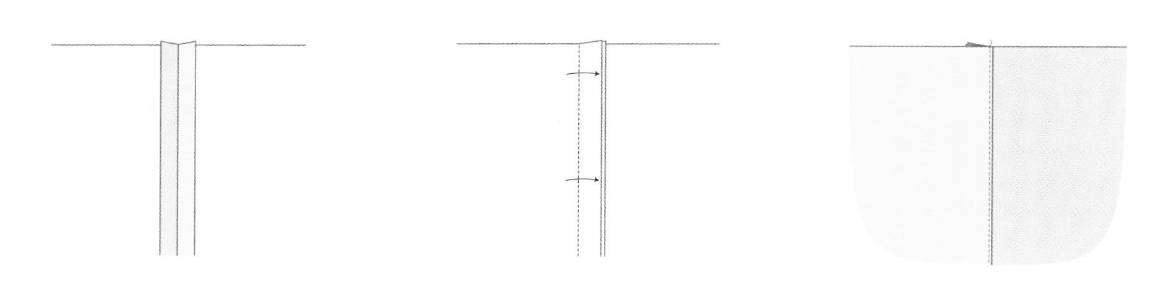

用斜裁滚条做贴边

斜裁滚条是我最喜欢的方法之一。你既可以把它做在布料的反面，以便把它隐藏起来，又可以做在布料的正面，把它作为一个细节的设计。这样做的好处是你可以手工暗缝，因为它使得反面切线的缝线很干净，这是我非常喜欢的做法。如果你不擅长用直线缝底摆的曲线接缝，那么这种方法对你来说很有帮助。

我首要强调的规则是斜裁时不要用珠针钉缝，因为当你缝制时，珠针会很难控制，让你的双手来代替珠针固定布料吧。为了达到最好的效果，斜裁滚条通常是 1.2cm（0.5 英寸）的宽度——但不要超过 2cm（0.75 英寸），除非你在做一条直边。

1 展开斜裁滚条的其中一边，使滚条与布料正面相对，把滚条铺在接缝上，对齐布边。

2 从短片开始，沿着滚条上的折线开始车缝，一边车缝一边保持边缘对齐。一旦将滚条车缝好，则要按照一定间隔在接缝处打剪口。

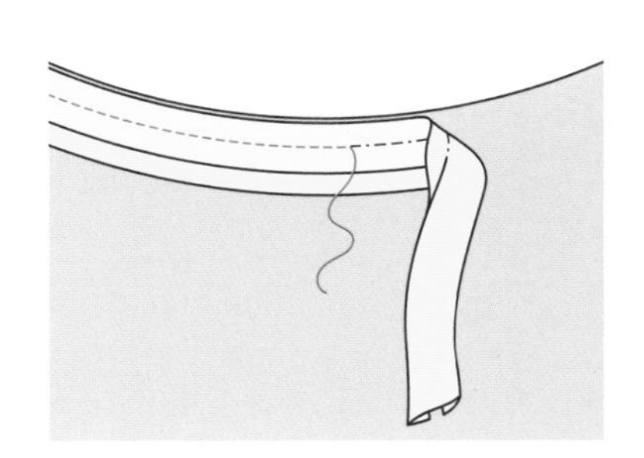

3 将滚条沿着缉缝线反扣并熨压在衣服的反面。

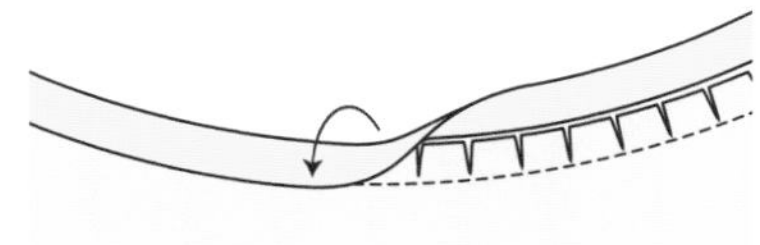

4 从反面着手，沿着斜裁滚边的边缘缝合，使其在对应的位置上固定下来。也可以在对应的位置上用针手缝暗缝斜裁滚边。

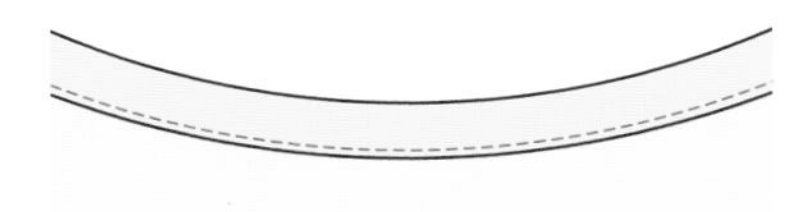

机器卷边缝

这是我一直喜欢用的卷边方法。自从学了这种处理底摆的方法后，我几乎没用过其他方法；我喜欢用它对丝绸、色丁、雪纺和棉布等布料进行整理，结果都很精致，但这种卷边缝不适合用于厚重的布料。如果你想很整齐地缝边，那么就需要先拿一些布料多加练习直到满意为止。

1 把针距调节到 1.5cm 或 2cm（在车缝第一行线时，需要比较密的针距）。

2 把底摆向反面折进 1.2cm（0.5 英寸），当翻折后，在距离折边 3mm（0.125 英寸）的地方开始车缝。要慢慢地车缝，并保持折边宽度一致。

3 用一把小而锐利的剪刀，在尽可能靠近缝线的旁边将多余的布料剪掉，千万不能剪到缝线里面。

4 把针距调到 2.5cm 或 3cm，沿着第一道缝线把底摆翻过来，沿着边缘车缝第二道缝线，尽可能地靠近第一道缝线。

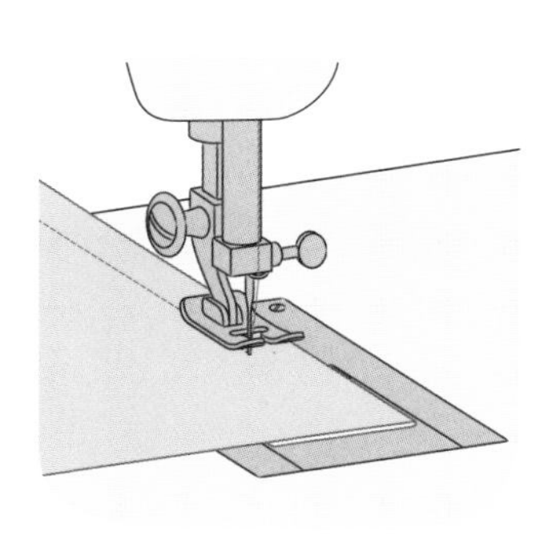

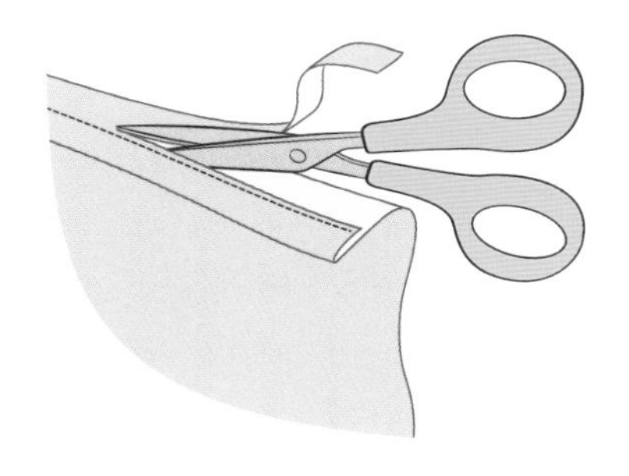

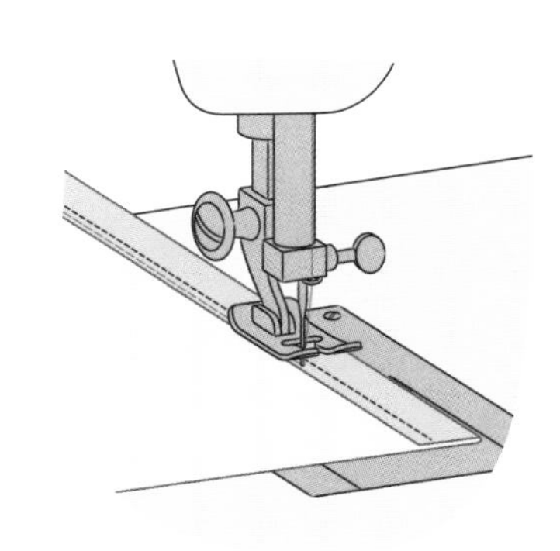

注意事项

通常我买的是最长的隐形拉链，因为绱好拉链后，可以把多余的部分裁剪掉。如果使用的是家用式缝纫机，我强烈推荐你使用隐形拉链压脚。

绱隐形拉链

绱隐形拉链的方法有很多，我在互联网上搜索到一种可以让我容易理解的方法，因为我不懂如何缝制拉链。当我效仿别人的做法时，我意识到阿姨不使用珠针是对的。事实上，在车缝拉链时，使用珠针固定可能会适得其反。我已经将这种方法传授给了工作坊的学徒，大家一致认同这种方法要容易得多。这个方法绝对是一个你要掌握的必杀技。

1 按照款式制作说明，在你想要拉链止点的下方 2.5cm（1 英寸）处，开始沿着绱拉链折叠位置车缝拉链下面的服装接缝部分。

2 用划粉在左片和右片的右侧标记出拉链止点，在距离刚刚车缝地方 2.5cm（1 英寸）的上方。

3 把服装翻到反面，将拉链正面放在做缝右侧，使拉链环扣对准接缝线。拉开拉链。

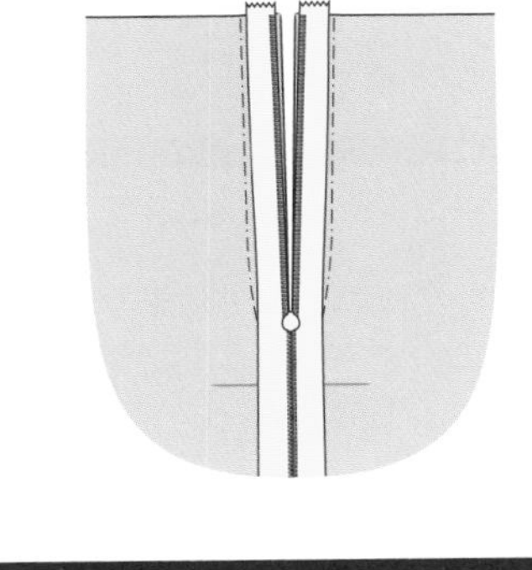

4 左手拿着拉链的左布带，右手拿着拉链的右布带。将拿在右手上的拉链布带缝合在衣服的左片上，反之亦然。

5 **缝制拉链**

缝纫机换上车缝隐形拉链的压脚。

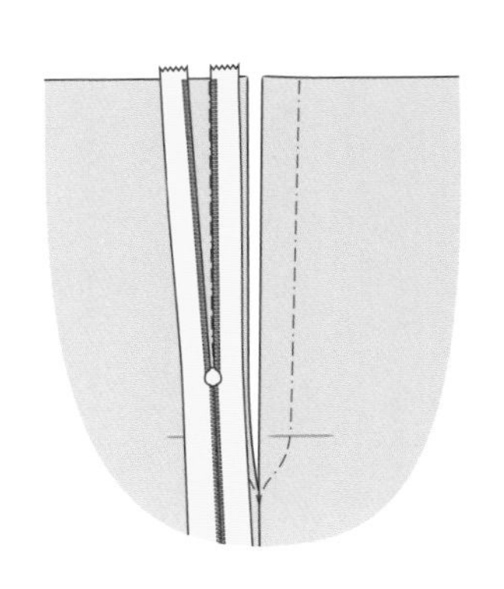

6 通常隐形拉链开口的顶部有一个小塑料上止，把绱拉链接缝处的上布带与此上止对齐。将拉链条链齿放在绱拉链的位置上，然后确保拉链压脚的凹槽处刚好压在拉链条链齿的上方。

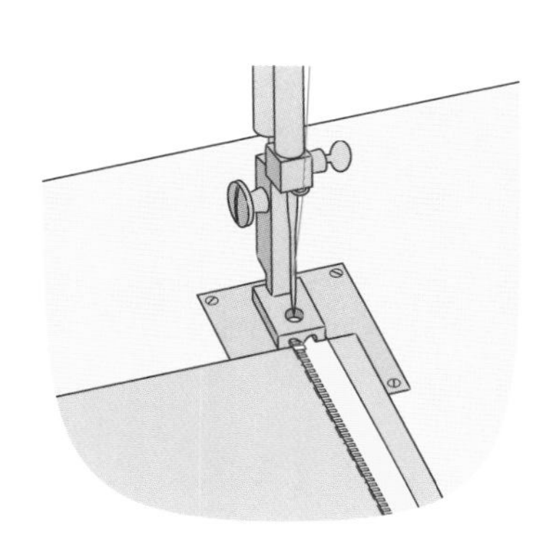

7 在对应的位置上缝制拉链，确保压脚上的凹槽能够对齐绱拉链的折叠处。对此要有耐心：这不是比赛，所以花点时间一部分一部分地去做，而不是一口气试着缝完整条拉链。我一般先缝合 5cm (2 英寸) 就停下来检查有没有对齐，然后再继续，这听起来可能有点啰唆。虽然只有几秒钟的检查，但却很值得，以免没缝好的话要花几分钟再来拆掉缝线。在达到拉链止点标记时停下来，然后锁针。

8 闭合拉链，现在把衣服紧贴在拉链上，标记出腰缝线（如果有的话）和未缝制的拉链背面的止口。

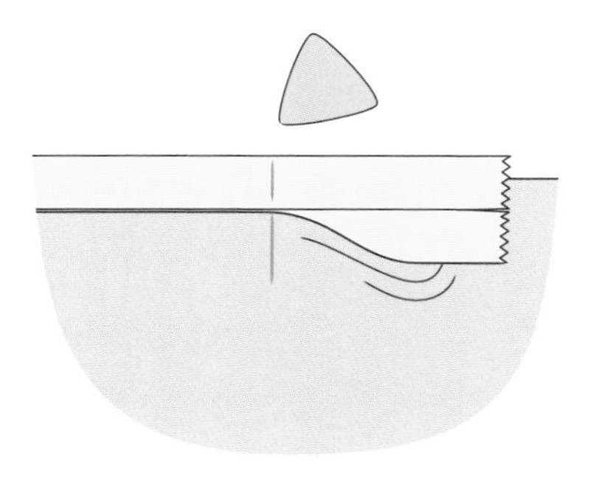

9 再次拉开拉链。将拉链的止口标记与服装止口标记对齐。把拉链的另一边布带用珠针钉缝固定在这一点上。从这一点开始缝制拉链，确保拉链和衣服上的腰围接缝标记对齐。

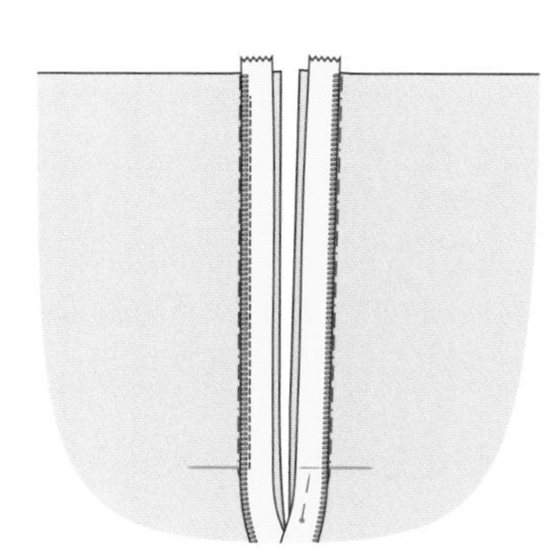

10 当车缝到顶部时要锁针。闭合拉链，确保拉链两边能完美地对齐。

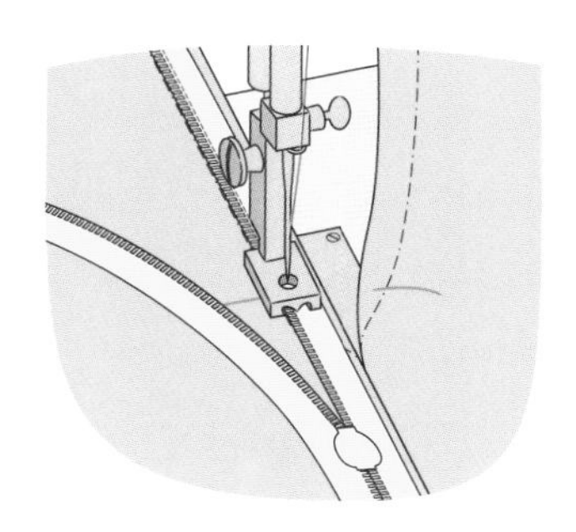

11 在距离拉链底部 2.5cm（1 英寸）的开口处用手针粗缝，然后在缝纫机上安装标准的拉链压脚，在手针粗缝处再车缝一遍。把衣服翻转过来，用熨斗把绱拉链起皱的地方往回熨烫。从衣服的正面看，拉链几乎是隐藏起来的。

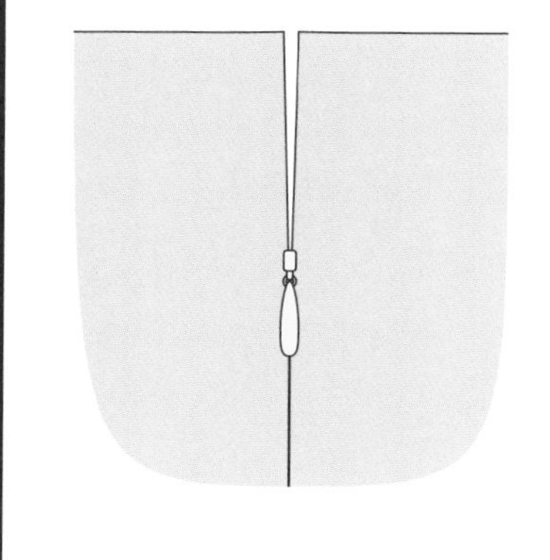

绱暗门襟拉链

这种类型的拉链一般可以把拉链开口的两侧叠合，隐藏链齿。其通常绱在服装的左边，例如裙子的左侧或背面中间开口处。

1 在接缝处留出一道大约拉链长度再加上 2cm (0.75 英寸) 尺寸的开口。将接缝熨压开，然后把绱拉链折叠部分熨向反面。

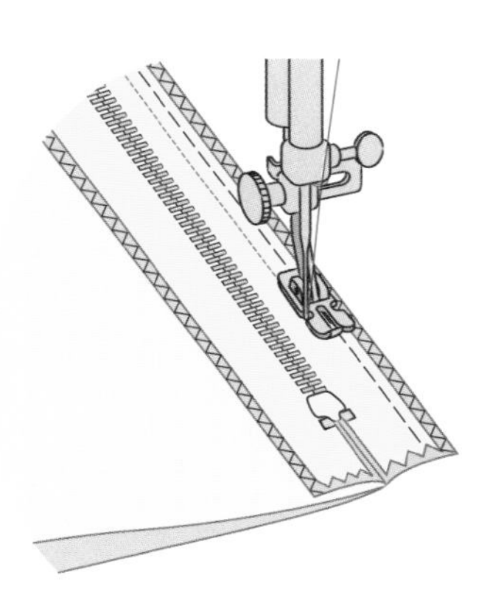

2 打开右手边的绱拉链折叠位。把拉链的正面置于其上的顶端位置，同时链齿能够对齐接缝线中心直下。如果需要你也可以用手针粗缝定位。缝纫机换上标准的拉链压脚，放置于机针的右侧。在对应的位置上车缝拉链布带的右边，大约距离链齿 6mm（0.25 英寸）处下针。

3 将拉链缝合带折回，并将拉链右侧向上翻拉襻。拉链压脚在机针的左侧，沿褶皱边缘缝合。

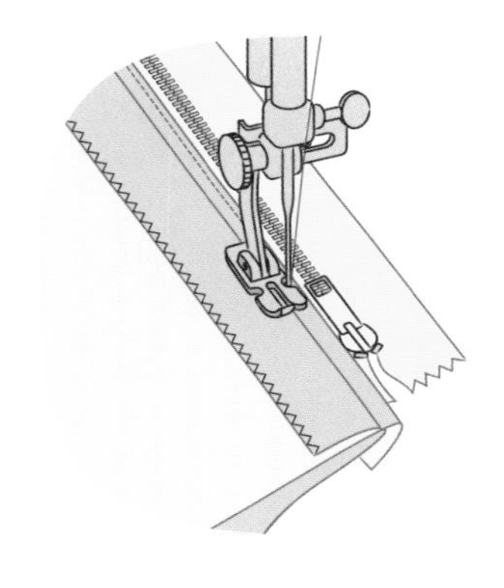

4 把服装反面朝上，用手针把拉链左侧的布带粗缝到对应的位置。

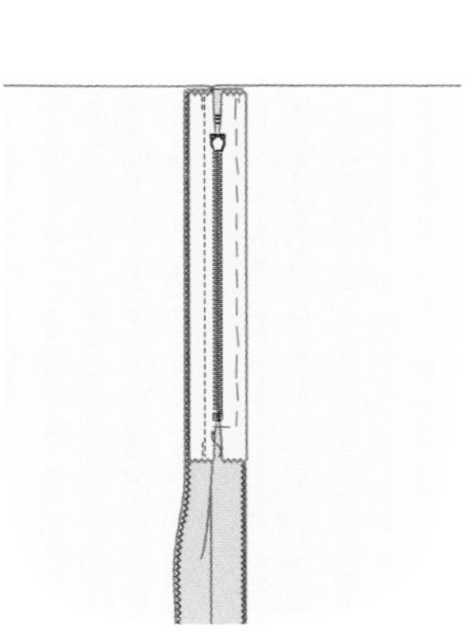

5 从右片开始动手做，压脚在机针的右侧，在对应的位置车缝拉链。从横跨拉链底部的位置开始缝制，接着在底部角落处转弯，然后从下往上一直缝制到拉链的顶部。

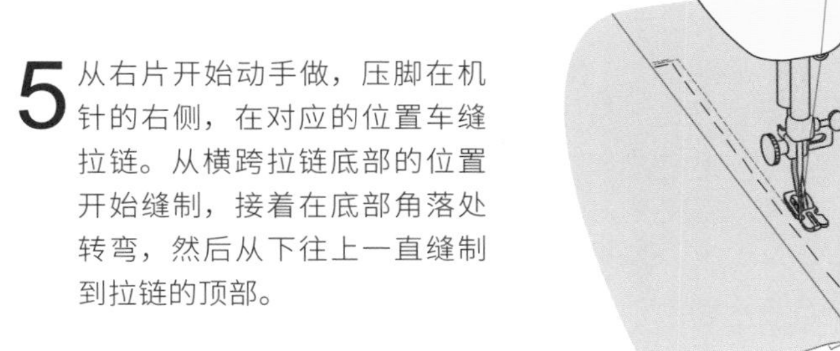

注意事项

你要把拉链缝至绱拉链折叠位置而非服装上。

测量尺寸

如果你想使用徒手裁剪的方法制衣，那么如何细致和精确地测量就显得非常重要，因为这是唯一一个可以保证做出来的成衣能适合你体形的方法（还有一点要记住的是，你身边不是总有人可以帮你，特别是像我一样的人，有时要临时抱佛脚，当天做完即日穿）。在工作坊，我总是鼓励学徒们学习自己给自己测量尺寸，但这也意味着要有意识地注意不扭曲自己的身体。如果觉得这实在太难了，那就请别人来帮你——而且有一些部位确实需要别人的帮助才能测量。下面我把测量系统分为三个组别，在 18 ～ 19 页也有图片可供参考。

水平尺寸的测量

这些尺寸的测量一般要用软尺水平横跨身体测量得出，在所有测量项目中，这些尺寸一般会被划分为 2 等份或 4 等份来计算。

垂直尺寸的测量

这些尺寸的测量一般用软尺沿着身体垂直量出，这些尺寸一般被用作参照点，沿此标记相应划分好的水平测量位置来使用。

其他尺寸的测量

这些尺寸的测量是个别款式中提及的一些额外的测量尺寸。

注意事项

许多人会在外衣里面穿塑身内衣，特别是在一些特殊场合下。如果你也想这样做的话，那么最好是穿上它测量身体，否则这会影响你的身体比例。穿上它可以准确测量尺寸，不会让测量结果有所偏差。

水平测量尺寸

1. **肩宽**：左、右肩峰点之间的直线长度。
2. **后胸宽**：横跨背部腋窝点以上 2.5cm（1 英寸）的水平长度。
3. **前胸宽**：横跨胸部腋窝点以上 2.5cm（1 英寸）的水平长度。
4. **胸围**：绕着胸部最丰满处水平一周的长度。
5. **上胸围**：绕胸部最高点一周的长度。

6. **下胸围：**绕胸部最底部一周的长度。
7. **腰围：**这里指自然腰围。找到自然腰围测量位置的好方法是把身体弯向一侧——弯侧最凹处就是自然腰围。
8. **臀围：**绕着臀部最丰满处水平一周的长度。

提示

测量的时候需挺直站立。

垂直测量尺寸

9. **肩至后胸宽线：**肩点至后腋窝曲线以上 2.5 cm (1 英寸) 处的长度。
10. **肩至前胸宽线：**肩点至前腋窝曲线以上 2.5 cm (1 英寸) 处的长度。
11. **肩至上胸围线：**肩点至上胸始点的长度。
12. **肩至胸围线：**肩点至胸点的长度。
13. **肩至下胸围线：**肩点经过胸部外轮廓至胸部底部的长度。
14. **肩至腰围线：**肩点至自然腰围，经过胸部外轮廓、下胸围一直到腰围线的长度。
15. **肩至臀围线:** 沿身体外轮廓从肩点量至臀围线的长度。
16. **肩至膝围线：**沿身体外轮廓从肩点量至膝围线。
17. **肩至脚长：**肩点至脚底的长度。
18. **腋下长：**从腋窝量至所需袖长的长度。

其他测量尺寸

19. **乳间距：**左右乳头之间的直线长度。
20. **臂围：**绕手臂根部最丰满的地方一周的长度。如果不是使用弹力布料，测量时卷尺不要太紧，留点空间以便可以活动。
21. **肘围：**如上所述，绕肘点一周的长度。
22. **袖长：**肩点至所需袖长的长度。
23. **肘长：**肩点至肘点的长度。
24. **背长：**后颈点至后中心线上腰围处最凹处的长度。
25. **颈窝至领口线长度：**颈底部的颈窝点至想做出的鸡心领的领围线最低处的长度。

注意事项

从肩点往下开始测量时，想象一下自己像小鸟那样俯视自己身体的视觉，将卷尺头置于你肩部正中间的位置。

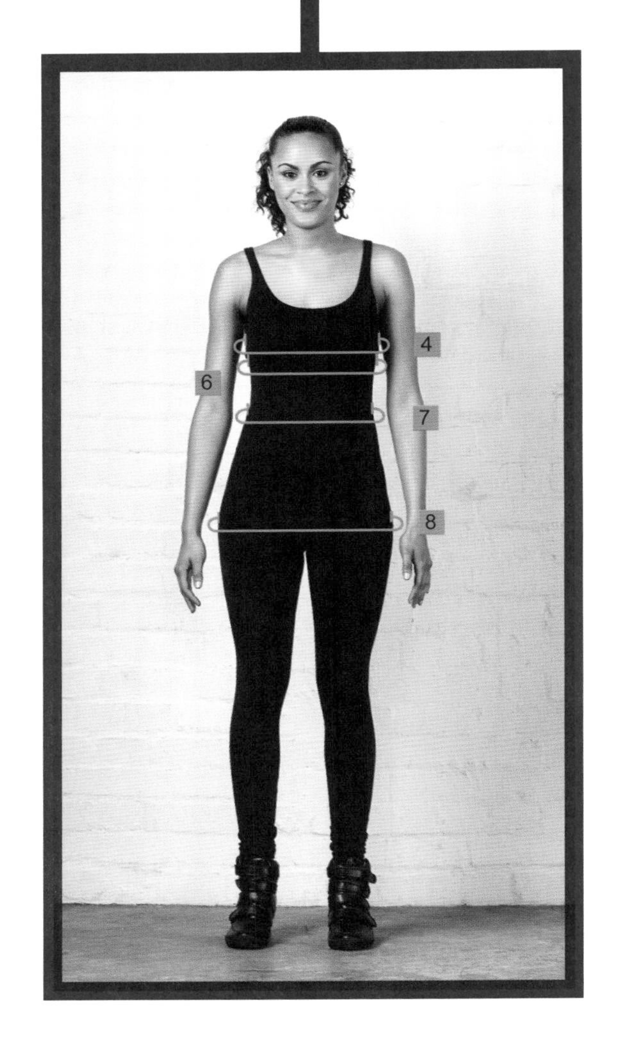

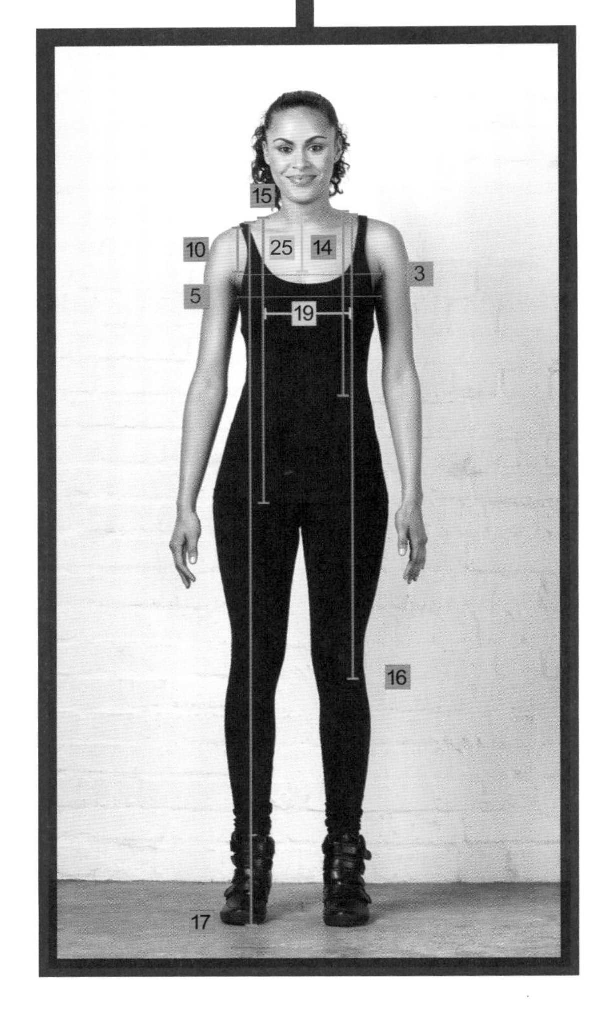

测量图解

结合这张测量图解写下你的尺寸，这样你就能随时参阅。

水平测量尺寸

1 肩宽……………………………………………

2 后胸宽…………………………………………

3 前胸宽…………………………………………

4 胸围……………………………………………

5 上胸围…………………………………………

6 下胸围…………………………………………

7 腰围……………………………………………

8 臀围……………………………………………

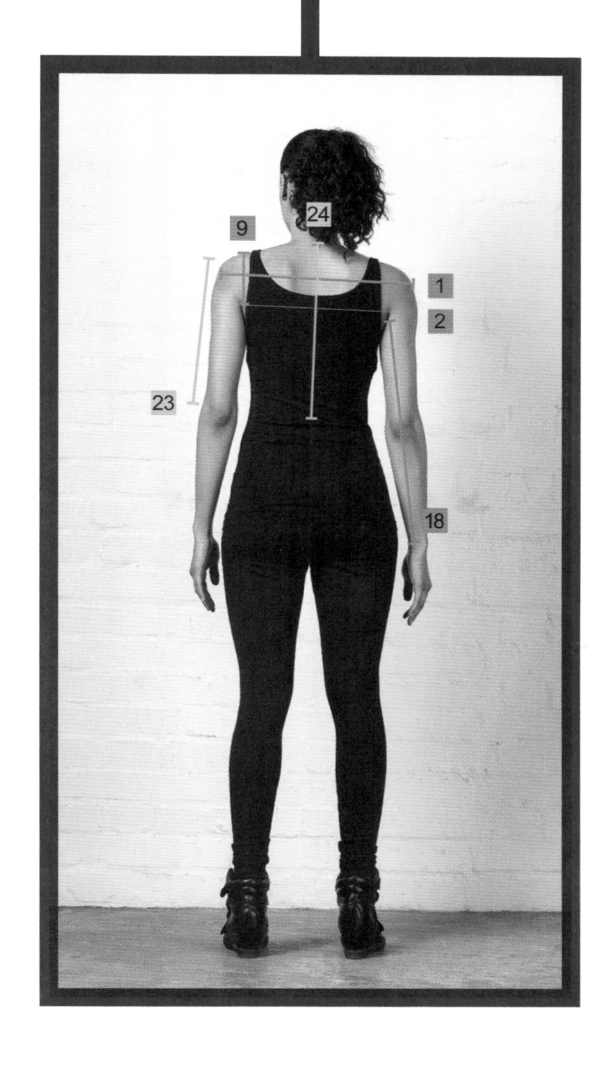

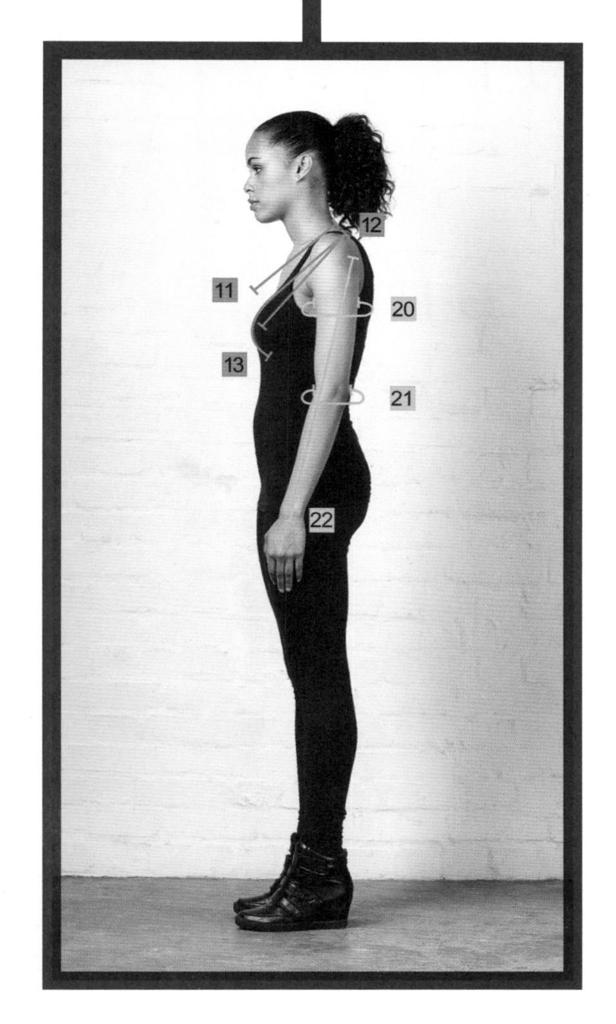

垂直测量尺寸

9 肩至后胸宽 ....

10 肩至前胸宽 ....

11 肩至上胸围线......................................

12 肩至胸围线 ....

13 肩至下胸围线......................................

14 肩至腰围线 ....

15 肩至臀围线 ....

16 肩至膝围线 ....

17 肩至脚长..

18 腋下长 ....

其他测量尺寸

19 乳间距 ....

20 臂围..

21 肘围..

22 袖长..

23 肘长..

24 背长..

25 颈窝至领口线长度 ....

第2章

基本款样板

本章涵盖了打板、裁剪和常用基本款式的样板——这些款式样板既可以单独使用，也可以互相组合使用。为了制作出衣橱里的每个款式，按照我的制作方法，首先要做出五个基本样板——衣身样板、连衣裙样板、半裙样板、喇叭裙样板和袖子样板。

衣身样板是由肩缝线一直到腰部接缝线的标准件，它包含了公主线省道，这个省道可以让衣片在人体曲线上平滑过渡而且修身。连衣裙样板是一款通过省转移得出的款式，它包括了侧胸省。半裙样板可以用于制作大多数半裙款式，从简单的 A 形裙到紧身的铅笔裙都可以以它为基础而变化。喇叭裙样板包括全喇叭形（通常用来制作溜冰裙或者腰部褶饰裙）和半喇叭形，它们经常被用于制作成超长半裙或超长连衣裙以在连衣裙的下部形成华丽性感的垂褶。所有这些喇叭裙样板还可以用来制作出服装的褶边和精美的细节。最后，还有一个袖子样板——我会给出这个基本合体袖的制作指引，包括全长袖、膨体袖以及褶饰袖。

衣身样板

通常，一件衣身样板的长度仅仅指从肩膀到腰线的区域，但是用这种方法我们可以覆盖由肩膀到臀部的整个躯干。

我将会向你展示如何制作出最适合无袖上衣的省道；我喜欢在开始制作公主线省道时把这个省道运用于其上。如果你喜欢侧胸省，你可以在连衣裙样板上使用前衣片省道制作方法（见 32 页）：这意味着你在 18cm（7 英寸）的地方标记出你的胸围线，并且依照连衣裙样板的袖窿绘制步骤画出省道线。

注意事项

通常只需将布料的正面对折起来，除非有特殊说明。有一点非常重要，就是对折叠过的折痕进行熨烫以形成明确的折痕。

所需测量尺寸

水平测量尺寸（见 16 页）

- 肩宽
- 前胸宽
- 后胸宽
- 胸围
- 下胸围
- 腰围
- 臀围

垂直测量尺寸（见 17 页）

- 肩至前胸宽线
- 肩至后胸宽线
- 肩至胸围线
- 肩至下胸围线
- 肩至腰围线
- 肩至臀围线

其他测量尺寸（见 17 页）

- 乳间距

所需布料量

- 宽边 = 臀围尺寸 +35cm（14 英寸）
- 长边 = 肩部到臀围线的长度 +2.5cm（1 英寸）

所需工具

• 卷尺 • 布料记号笔 • 熨斗和熨烫板 • 剪刀 • 珠针

方法

1 沿着宽边把布料对折一半并铺平，抚平布料上所有的褶皱，这条折边就是前中心线。沿着相对的边缘把两层布料一起往回折叠出 2.5cm（1 英寸）长的绱拉链缝合量。这一边的折边就是后中心线。顶边是肩缝线，底边是底摆线。

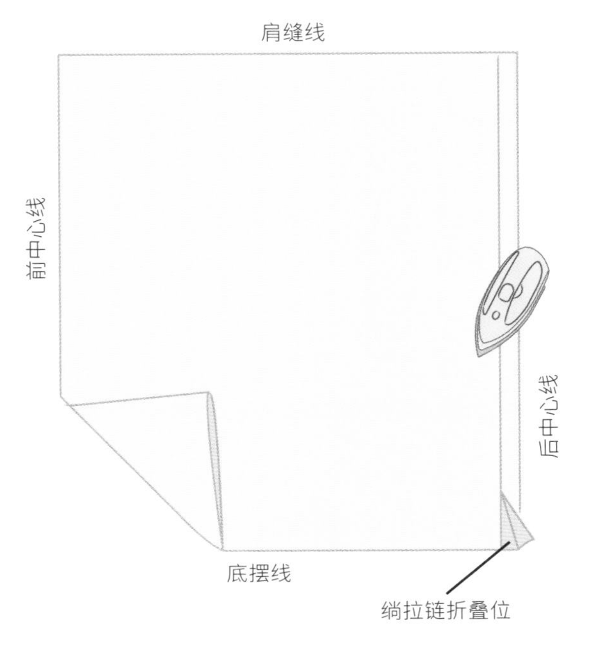

肩缝线

将前中心线折过来准确地对齐后中心线

中心折线边缘

底摆线

2 将布料对折一半，拿起前中心线的布边与后中心线的布边对齐重合，确保所有的边能够完全对齐，并且所有的折边都是直线。

3 将卷尺的始端放置于折叠布料顶边的中间处，使用布料记号笔标记出垂直的测量尺寸，在每个尺寸上都加入 1.2cm（0.5 英寸）的长度。省略掉肩部到胸部的长度，取而代之的是量取出 23cm（9 英寸）的长度作为胸围线的位置。布料上肩部到臀部的长度将会是整个衣身样板的长度，臀部上的水平线则作为底摆线。

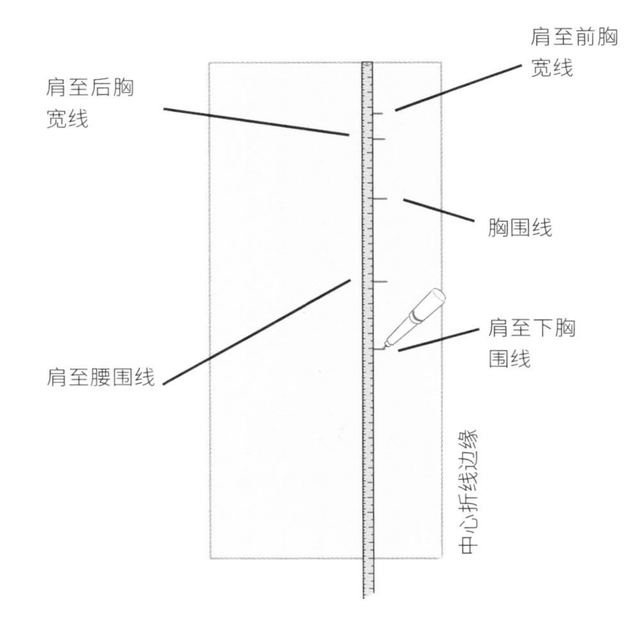

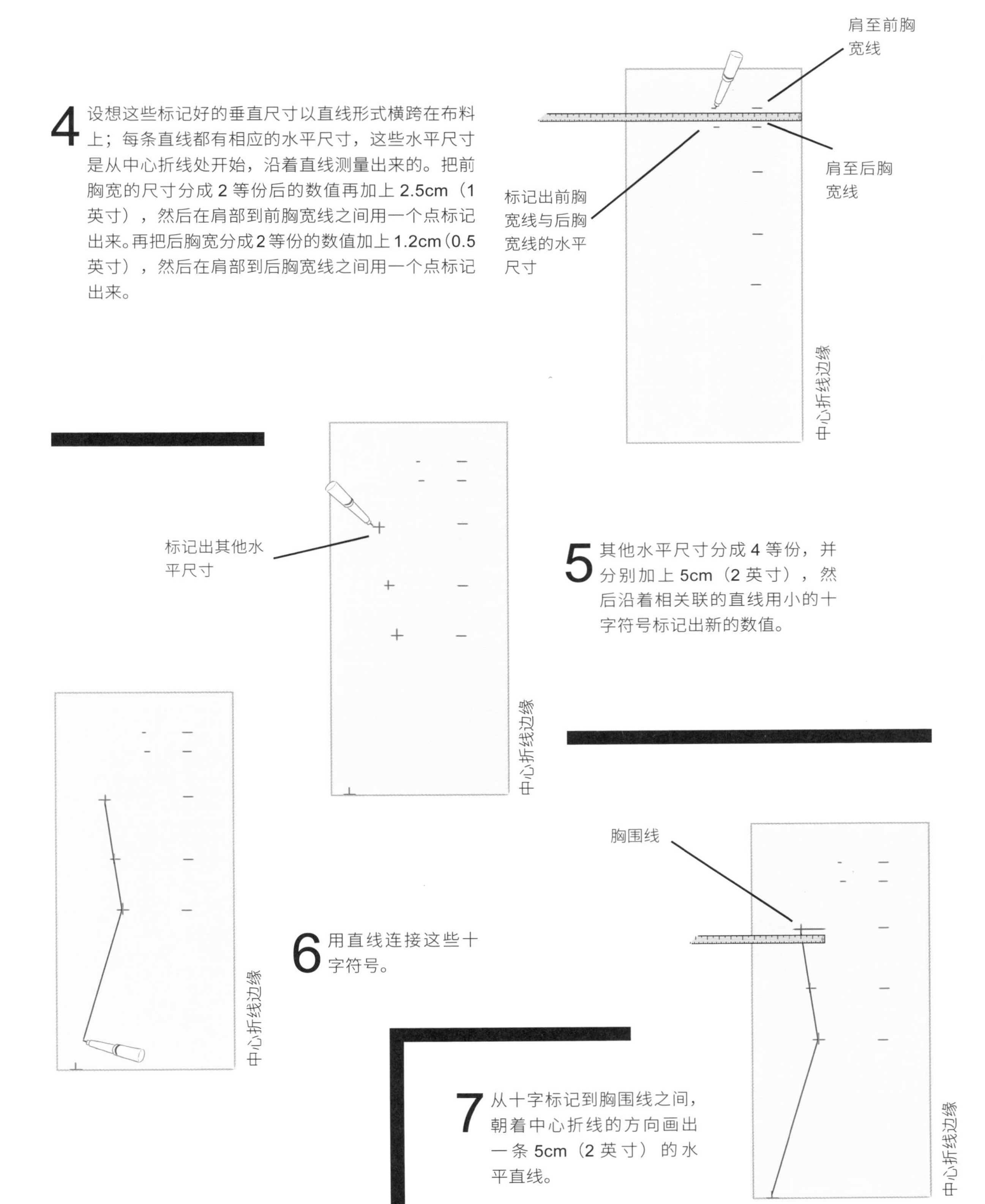

4 设想这些标记好的垂直尺寸以直线形式横跨在布料上；每条直线都有相应的水平尺寸，这些水平尺寸是从中心折线处开始，沿着直线测量出来的。把前胸宽的尺寸分成 2 等份后的数值再加上 2.5cm（1 英寸），然后在肩部到前胸宽线之间用一个点标记出来。再把后胸宽分成 2 等份的数值加上 1.2cm（0.5 英寸），然后在肩部到后胸宽线之间用一个点标记出来。

5 其他水平尺寸分成 4 等份，并分别加上 5cm（2 英寸），然后沿着相关联的直线用小的十字符号标记出新的数值。

6 用直线连接这些十字符号。

7 从十字标记到胸围线之间，朝着中心折线的方向画出一条 5cm（2 英寸）的水平直线。

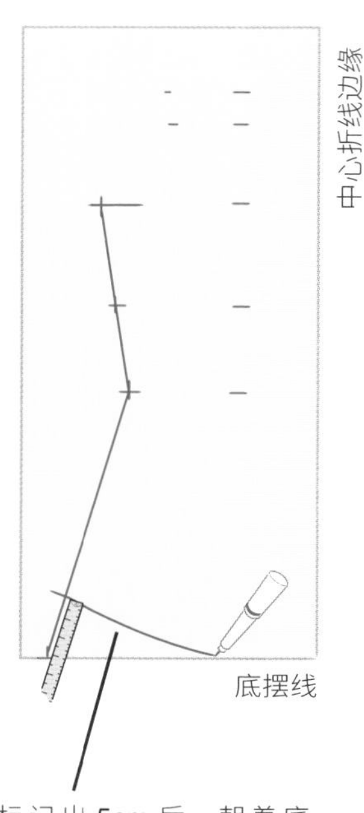

8 从底摆线的十字记号处开始，在已经画好的直线上测量出 5cm（2 英寸）并做标记。从标记开始，画一条向下延伸到底摆线中间的曲线。

标记出 5cm 后，朝着底摆线的方向画出一条向下的曲线

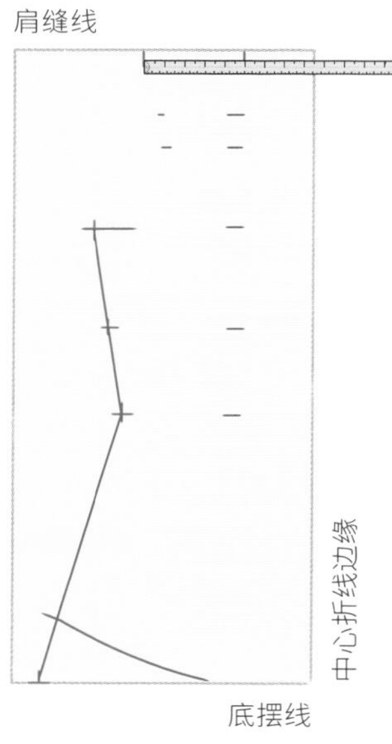

沿着肩缝线测量

9 从中心折线处的顶端沿着肩缝线（布料的最顶边）向外直线测量，在 9cm（3.5 英寸）处做个记号。把肩宽分为 2 等份后的数值再加上 1.2cm（0.5 英寸），并在肩缝线上用记号标出新的数值。

10 在同一个角上，从中心折线处向下量取 9cm（3.5 英寸）。为了画出领围线，可以先画一个汤匙形的曲线，连接肩缝线和中心折线两处 9cm（3.5 英寸）的记号。

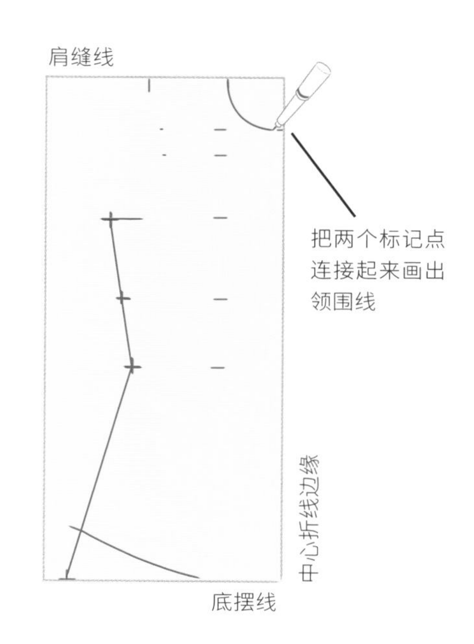

把两个标记点连接起来画出领围线

11 画出前袖窿，沿着肩缝线上的第二个记号画出一条曲线，经过前胸宽点，并与胸围水平线上5cm（2 英寸）的延伸结尾处连接。对于后袖窿，同样从肩缝线的第二个记号出发，沿着刚才前袖窿的第一条曲线画出第二条曲线，两条曲线在始端的位置重合 4cm（1.5 英寸），接着第二条曲线慢慢拐向后背宽点并与第一条曲线合并。

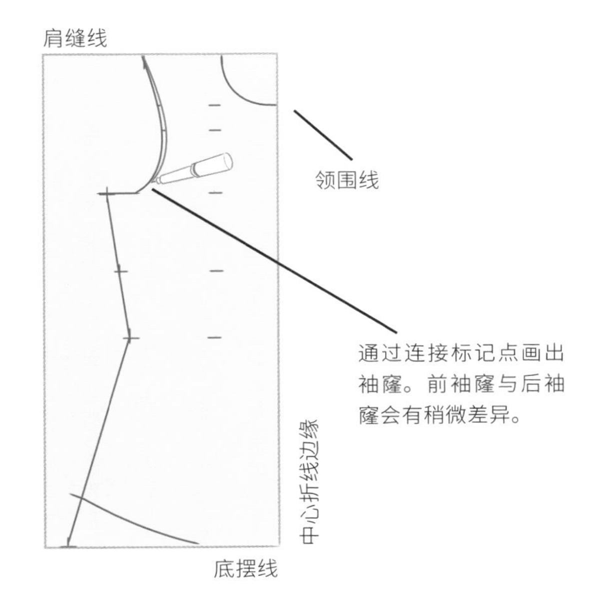

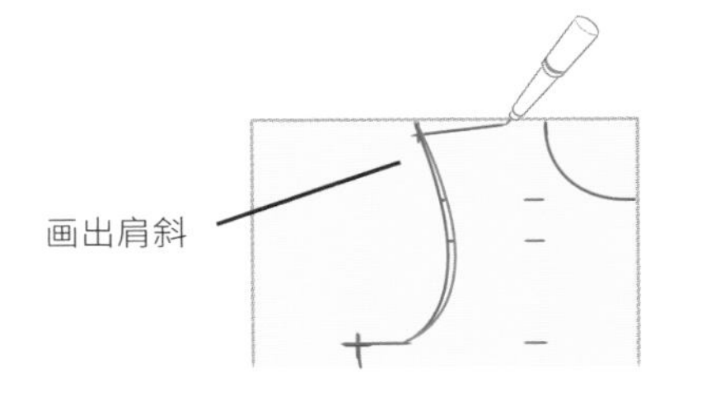

12 画出肩斜，在袖窿线下方 2cm（0.75 英寸）的地方做记号。从这个记号开始画出一条斜向上的对角线，直到连接领围线的边缘处。

只沿着外围的标记裁剪袖窿线

13 沿着画好的线条边缘在所有的布层上裁剪，裁剪袖窿时要确保沿着袖窿外围的标记进行。在同一边侧缝处的腰围线和下胸围线的水平处打剪口。

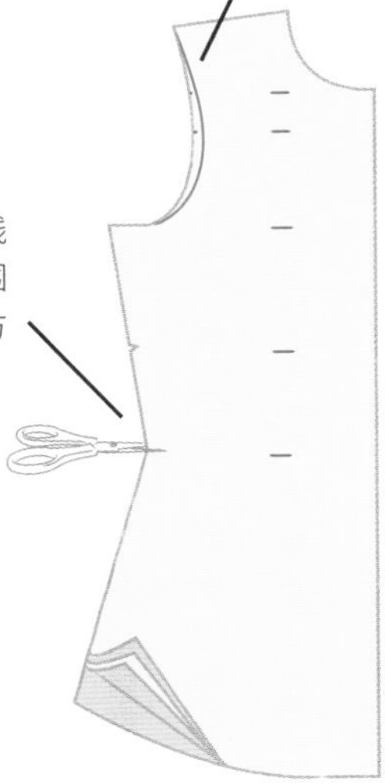

在腰围线与下胸围线的地方打剪口

中心折线边缘

14 将前衣片从后衣片中分离出来，但是要保持前衣片沿前中心线对折一半，后衣片也同理放在一起。在前袖窿上，沿着保留下来的线条裁剪。

绱拉链折叠位

前中心线

后中心线

沿着前袖窿标记裁剪

前衣片

后衣片

制作垂直省

15 将折叠的前衣片放在后衣片上方，并对齐中心折线。把衣片乳间距（见17页）的尺寸等分两份，然后从中心折线开始，并标记出从中间位置向下量取衣片的长度来。用这个标记作为参考，在整片衣片上折叠出垂直省，这个省的折线平行于中心折线。用熨斗熨压固定省折线。

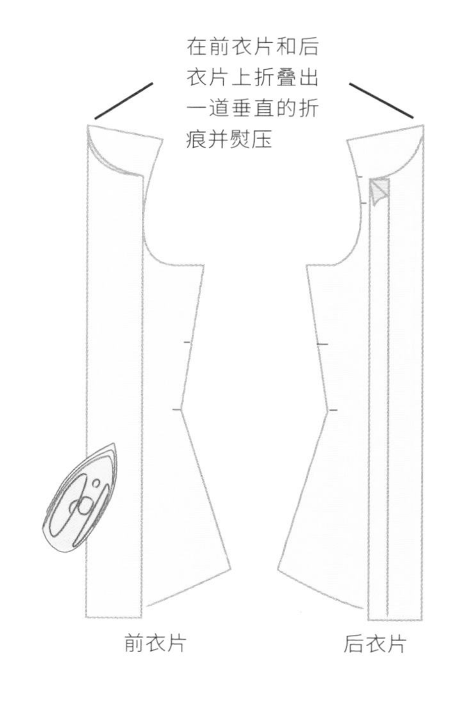

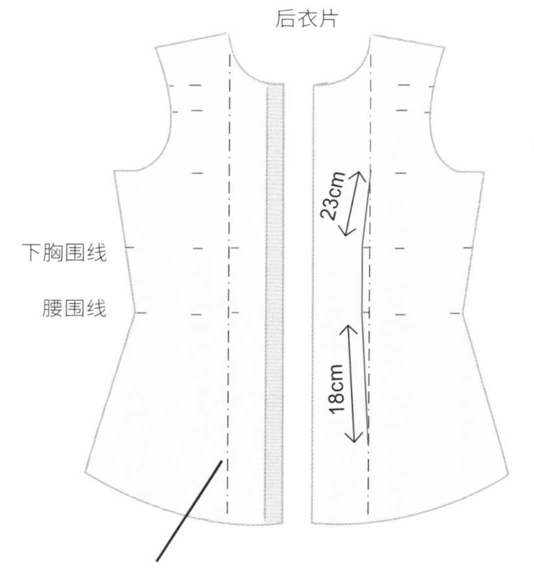

16 将前后衣片分开。所有的省折线需要朝向布料的背面，因此在后衣片上将折线折叠并重新熨烫。在前后两个面的省折线上，画出左边的省道线（看注意事项）。在后衣片上，沿着垂直省折线折叠布料。在腰围线与下胸围水平线上，省道的宽度是 1.2cm（0.5 英寸），因此要从省折线画出这个距离并用直线连接。然后从腰围水平线处画出一条长 18cm（7 英寸）的斜线一直往下延伸直到连接省折线，同时从下胸围水平线处画出一条长 23cm（9 英寸）的斜线向上连接到省折线上。

注意事项

为什么一定要先从省折线的左边开始画呢？因为当你缝合省道时，服装的大部分布料都在你的左边，这样布料就不会在你车缝时阻挡视线，同时省道的折叠部位刚好在你右手边，因此省道线需要画在省折线的左边。如果把省道线画在省折线的右边，那么在车缝时布料就会阻挡视线，你就看不到在哪个位置车缝了。

在袖窿曲线最深处做一个标记 A

A

前衣片

17 着手做前衣片，找出袖窿曲线最深的位置并做标记。袖窿曲线的某些部位其实并不是真正的曲线，它更多的像是一条稍微有点弯曲的线；而你所需要寻找的是真正曲线上的最深部分。

标记出折线：肩部到胸围线的距离加上 1.2cm 的地方为 B 点

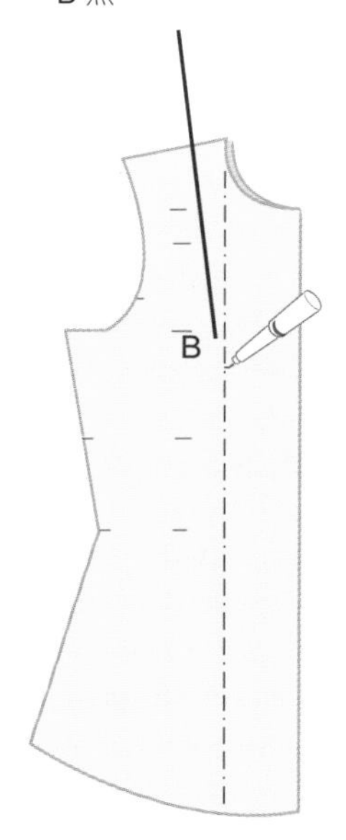

18 从肩缝线的最高点开始，沿着省折线测量并标记出肩部到胸部的长度再加上 1.2cm（0.5 英寸）的尺寸。

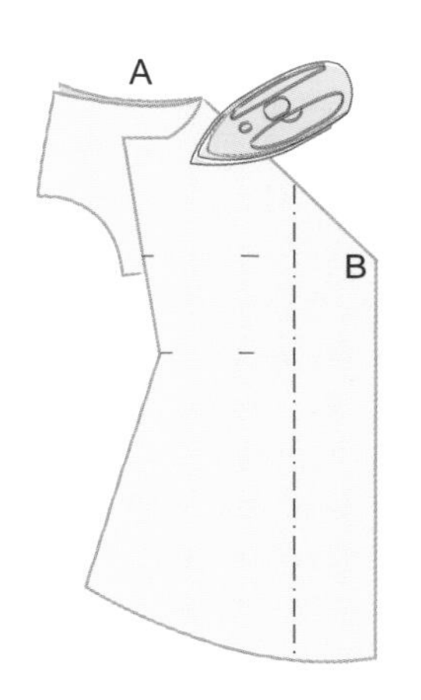

19 将步骤 17 中的 A 点和步骤 18 中的 B 点用斜线连接，并折叠熨压折线。

20 展开前衣片。所有的省折线必须朝着布料的反面折叠，需要时再折叠并熨压。

21 在袖窿的边缘，袖窿省的宽度是 2.5cm（1 英寸）（要注意，当把省道折叠后袖窿的边缘不一定能对齐整，但是不会有影响）。从折线开始往左边做一个 2.5cm（1 英寸）宽的标记。从这个 2.5cm（1 英寸）的标记点出发画出一条长 7.5cm（3 英寸）的斜线指向垂直的折线，但是在距离垂直折线 6mm（0.25 英寸）的地方结束。

前衣片

22 沿着前垂直省折线折叠。在腰围水平线上，这个省的前部分宽度是 1.2cm（0.5 英寸）。从腰围水平线开始，将省线往省折线方向向下倾斜 18cm（7 英寸）到达折线处，往上向省折线方向倾斜 15cm（6 英寸）到达折线处。如果发现这个省的顶端没有在省折线终止点下达到至少 1.2cm（0.5 英寸）宽的大小，那么就需要调整省道的长度直到足够宽为止。

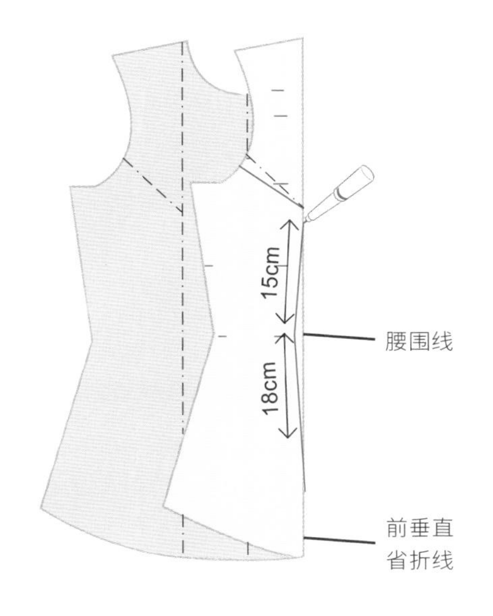

23 从袖窿开始把这个省车缝成一个连贯的省道，但是不是所有部分都会在布料上画出，包括省道线。从袖窿位置开始车缝，顺着之前画的 7.5cm（3 英寸）的线条车缝下去。当车缝到 7.5cm（3 英寸）那条线条结尾处的时候，开始把车缝线的方向向下调整，直到距离折叠处 3mm（0.125 英寸）的地方。接着一直沿着折叠处车缝下去，直到到达省折线精确的终止点上，做到这么精确的最简单的方法是，在距离省折线终止点 1.2cm（0.5 英寸）的地方开始用缝纫机的手轮手动控制缝纫机进行缝合，这样车缝就会非常精确。在那个点上，随着车针插入布料，把压脚升起并以车针为轴心转动布料，这样就可以着手做前省。在放下压脚之前扭动布料，以使堆叠在一起的布料铺平。手动控制缝纫机的手轮车缝几针，然后从折叠处继续缝 3mm（0.125 英寸），直到绘制的省道线上。沿着画好的省道线继续车缝，直到省道完全缝好为止。

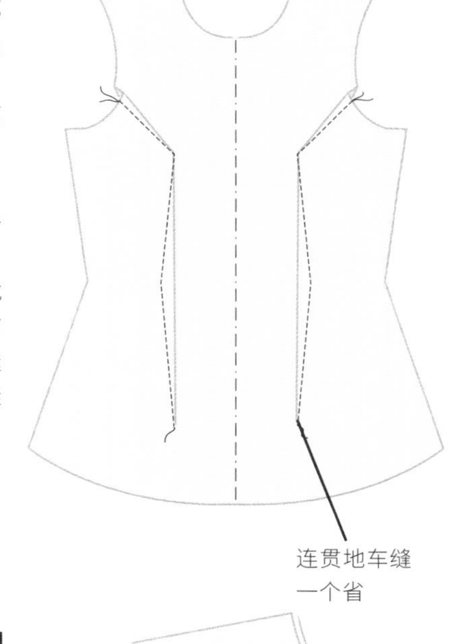

24 现在已经车缝好了省道，这时在每个袖窿的外围上都会有一个轻微的“梯级”出现，为了调整袖窿的形状，需要折叠前衣片并且修剪袖窿线。

修剪多余的布料，以调整袖窿曲线的顺畅度

侧缝

25 沿着绱拉链折叠位将后衣片的正面相对，用珠针钉在一起。后衣片正面朝上，前衣片放在其上方，正面朝下。确保前中心线折线和钉好的绱拉链折叠位对齐，并与侧缝上的剪口在同一条水平线上。

26 将手放在布料的腰围水平线处，用一根手指插入两层布料之间并抓住侧缝。轻轻地拉着两层布料，使其绷紧平坦。在距离布料边缘的内侧大约 5cm（2 英寸）处，将这些布层用珠针钉在一起。你可能会发现边缘不完全对齐，但这没有问题。在另一边的布边及两边的下胸围水平线上重复这个做法。在胸围线、底摆水平线的位置，将布料边缘对齐并用珠针钉缝。

27 从中心折线开始，向右边测量并标记出你的胸围、下胸围、腰围和臀围的尺寸，在对应的水平线上将这些尺寸都各自除以 4。按照步骤 6 中的做法连接各个标记，这条线便是接缝线。

28 将衣片翻过来，背面朝上，复制刚才你在右边做的侧缝线。沿着画好的线车缝肩缝线，取 1.2cm（0.5 英寸）的缝份。最后检查衣片是否合体并做出必要的调整。现在衣片可以缝合在一起了，你还可以参考个别款式的详细指引进行制作。

连衣裙样板

连衣裙是我最爱的单品之一：我喜欢穿着它们，但我更喜欢把它们做出来！我尝试过很多风格，但是我更喜欢那些廓形比较经典的裙子。这款样板最好的地方在于你可以随心所欲地自己玩设计，看看能做出一些什么款式出来。

所需测量尺寸

水平测量尺寸（见 16 页）

- 肩宽
- 前胸宽
- 后胸宽
- 胸围
- 下胸围
- 腰围
- 臀围

垂直测量尺寸（见 17 页）

- 肩至前胸宽线
- 肩至后胸宽线
- 肩至胸围线
- 肩至下胸围线
- 肩至腰围线
- 肩至臀围线
- 肩至底摆线

其他测量尺寸（见 17 页）

- 乳间距

所需布料量

- 宽边 = 臀围尺寸 +35cm（14 英寸）
- 长边 = 肩部到底摆线的长度 +4cm（1.5 英寸）

所需工具

- 卷尺
- 布料记号笔
- 熨斗和熨烫板
- 珠针
- 剪刀

注意事项

通常只需将布料的正面对折起来，除非有特殊说明。有一点非常重要，就是对折叠过的折痕进行熨烫以形成明确的折痕。

方法

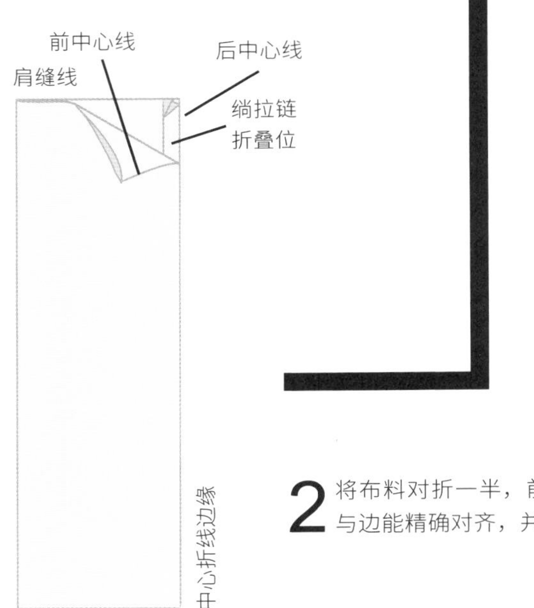

1 沿着宽边将布料对折一半并铺平，抚平布料上的褶皱，对折的这条折边就是前中心线。将两层布料同时沿着相对的一边翻折 2.5cm 的绱拉链位量，这条布条折叠的边缘处便是后中心线。顶边是肩缝线，底边是底摆线。

2 将布料对折一半，前中心线与后中心线对齐。确保边与边能精确对齐，并且所有的折线都是直线。

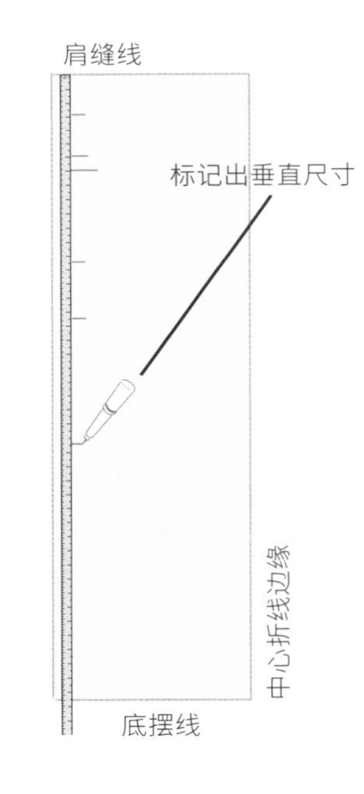

3 将卷尺的头对着折叠布料的顶边，放置在前中心线与后中心线相对的一边上，用布料记号笔标记出垂直的尺寸。省略掉肩部到胸围线的尺寸，相反，在 18cm（7 英寸）处做标记。除了肩部到前胸宽线的长度减去 2.5cm（1 英寸）及肩部到后胸宽线的长度加上 2.5cm（1 英寸）外，其他尺寸都在原本的基础上加上 1.2cm（0.5 英寸）的长度。另外，肩部到底摆线的尺寸测量需省略掉。

标记出水平的尺寸

肩缝线

4 设想这些标记好的垂直尺寸以直线的形式横跨在布料上；每条直线都有相应的水平尺寸，这些水平尺寸是从中心折线处开始，沿着直线测量出来的。将前胸宽的尺寸等分两份后的数值再加上 1.2cm（0.5 英寸），然后在肩部到前胸宽线上之间用一个小十字标记出。再将后胸宽等分 2 等份的数值加上 1.2cm（0.5 英寸），然后在肩部到后胸宽线之间用一个小十字标记出来。

5 将其他水平尺寸分成 4 等份后的数值分别加上 5cm（2 英寸），并沿着相应的线条用小十字标记出这些新的数值。沿着底摆线，复制你在腰围上所测量的尺寸并标记出来。

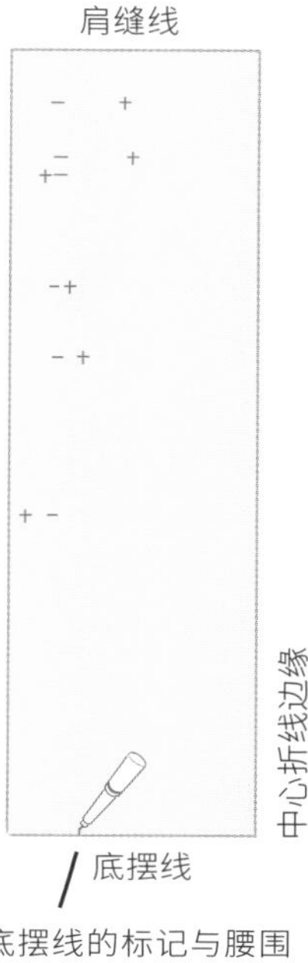

肩缝线
胸围线
腰围线
臀围线
中心折线边缘
底摆线

6 用直线连接胸围线到腰围线之间的多个十字标记。然后从底摆线开始，画出一条直线，这条直线在距臀围线上十字标记 23cm（9 英寸）处停下。从腰围线上的十字标记开始，画出一条平滑曲线，在臀围线十字标记处结束，并与从底摆线延伸上来的直线顶端相连。

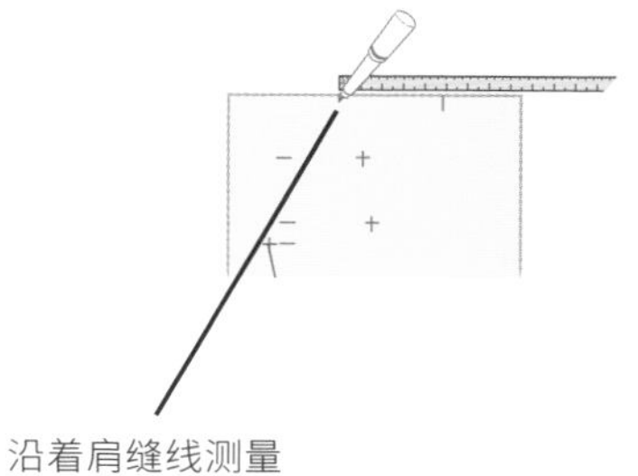

7 从中心折线开始，沿着肩缝线（布料的顶边）向外边缘直线测量，在 9cm（3.5 英寸）处做标记。将肩宽尺寸除以 2 后再加上 1.2cm（0.5 英寸），并在肩缝线上做好标记。

8 从同一个角落着手，在中心折线上从上往下量取 9cm（3.5 英寸）。连接两处 9cm（3.5 英寸）的标记，画出一条汤匙形状的曲线，然后画出领围线。

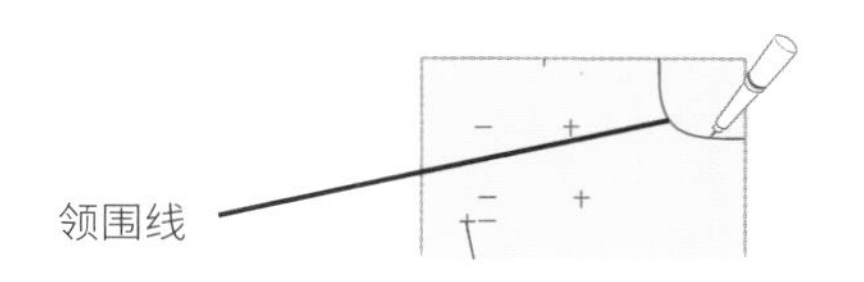

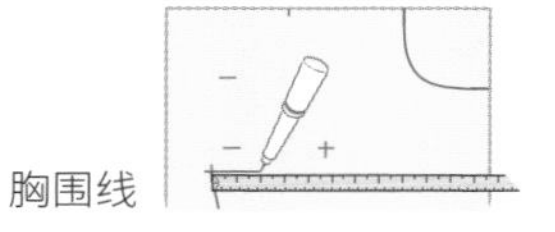

9 从胸围线上的十字标记开始，画出一条长 5cm（2 英寸）并向着中心折线边缘延伸的水平直线。

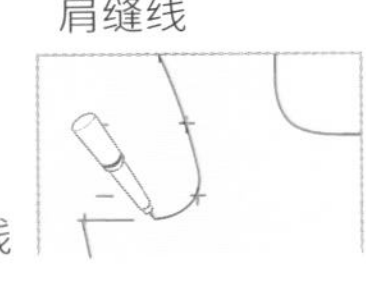

10 画出前袖窿。沿着肩缝线从第二个标记处开始画出一条曲线，这条曲线经过前胸宽十字标记，并与胸围线上 5cm（2 英寸）的直线末端连接起来。

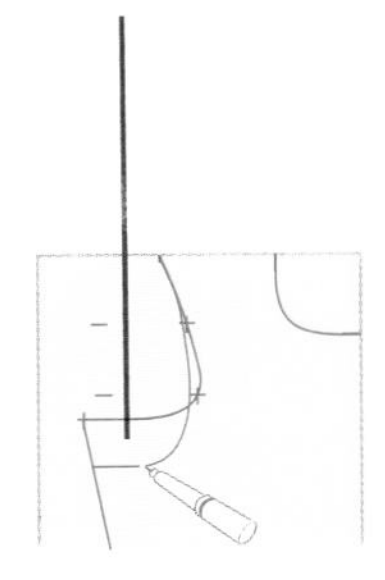

11 画出后袖窿。在胸围线的十字标记处往下量取 5cm（2 英寸），并画出一条与上方 5cm 水平线平行的第二条 5cm（2 英寸）长的直线。沿着肩缝线从第二个标记处开始，画出第二条曲线与第一条曲线重合 4cm（1.5 英寸）后拐向并连接后胸宽十字标记处，然后与刚才画好的第二条 5cm（2 英寸）长的直线相连。

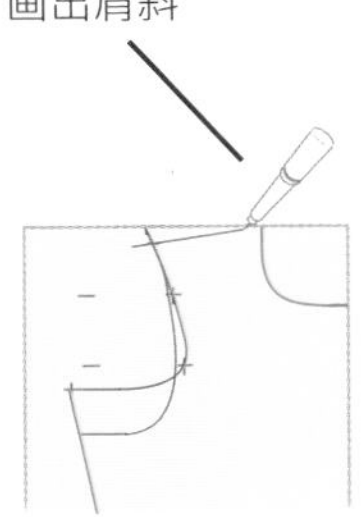

12 画出肩斜。在袖窿线上向下测量 2cm（0.75 英寸）的长度并标记出来。从这个标记开始，画出一条对角线向斜上方延伸并与领围线的边缘连接。

13 沿着画好的线开始裁剪所有的布层，裁剪时确保只裁剪袖窿最外面的标记线。在腰围、下胸围和臀围水平线处的侧缝边缘打剪口。

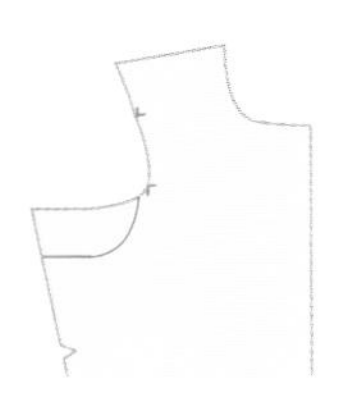

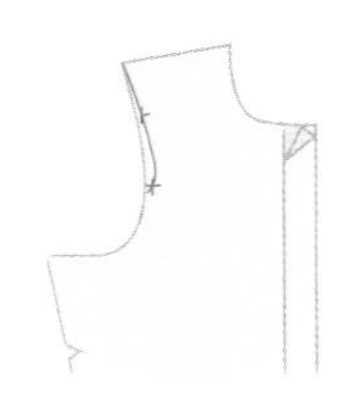

14 将前裙片和后裙片分开，前裙片保持对折一半，与后裙片放在一起。小心翼翼地把最上层的布料拿起来，参考之前做的标记，在后裙片上将后袖窿没有裁剪出来的部分重新画上去并裁剪出来。在前裙片上，沿着剩下的画好的线将整个袖窿完全裁剪出来。

作省

15 将折叠好的前裙片放置在后裙片上，对齐中心折线。将乳间距尺寸等分为 2 等份，从中心折线开始，标记出从裙子的中间位置到裙摆长度的尺寸。用这个标记做参考，在整条裙子上折出垂直省折痕，这条折痕平行于中心折线。用熨斗把这条折线熨压定型。

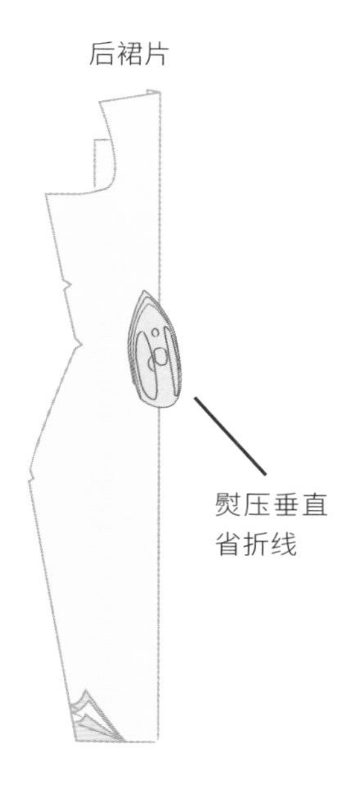

注意事项

在前片与后片的省折线上的左边画出省道线。

16 将前裙片和后裙片分开。在后裙片上折叠并重新熨压这些折痕，所有的折痕都要朝向布料的反面。在后裙片上，沿着垂直省折线折叠布料。腰围和下胸围水平线上的省宽是 1.2cm（0.5 英寸），因此在省折线上向两旁确定出这个宽度，然后用直线把它们连接好。然后从腰围水平线出发画出一条长 18cm（7 英寸）的斜线向下连接到省折线，从下胸围水平线画出一条长 23cm（9 英寸）的斜线向上连接省折线。

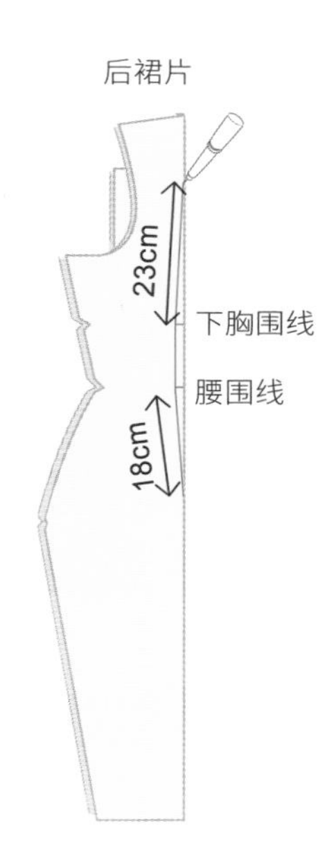

17 在前裙片上，你需要在反转折线和画出省道之前将侧胸省画出来。从胸围线开始，从侧缝线处向下量 10cm（4 英寸）并标记 A。从肩缝线的最高点开始，沿着垂直省折线标记出肩部到胸围线的尺寸（B 点）。

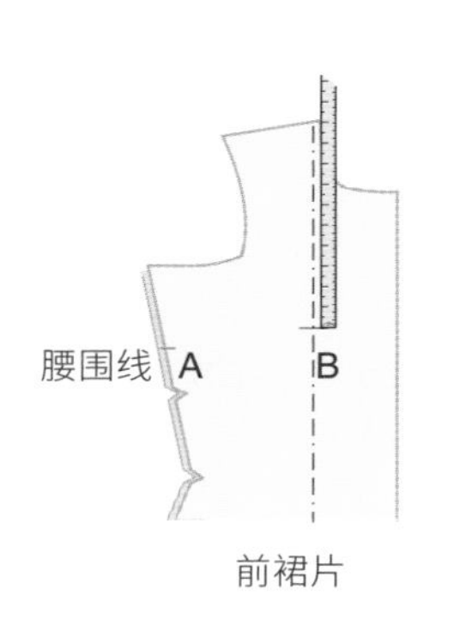

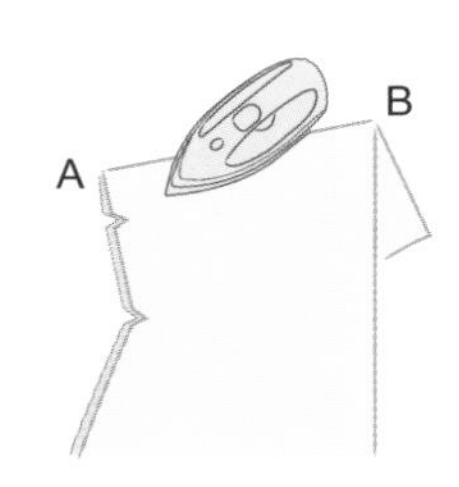

18 沿着 A、B 两点的连线折叠，并用熨斗熨压折线。

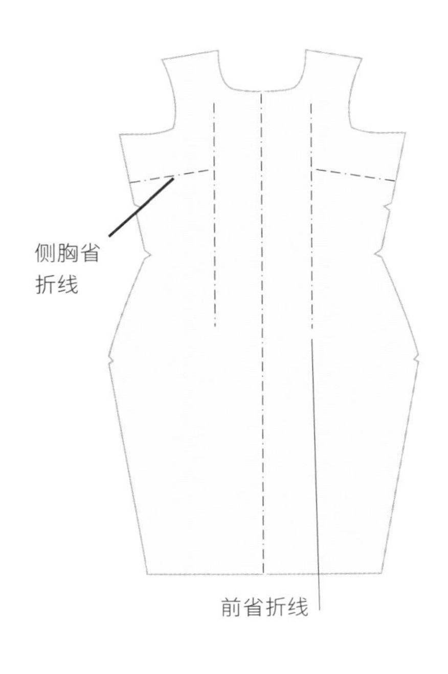

19 展开前裙片。所有的省折线都朝向布料的反面，按需要折叠并重新熨压。垂直的折线是前省折线，水平的折线是侧胸省折线。

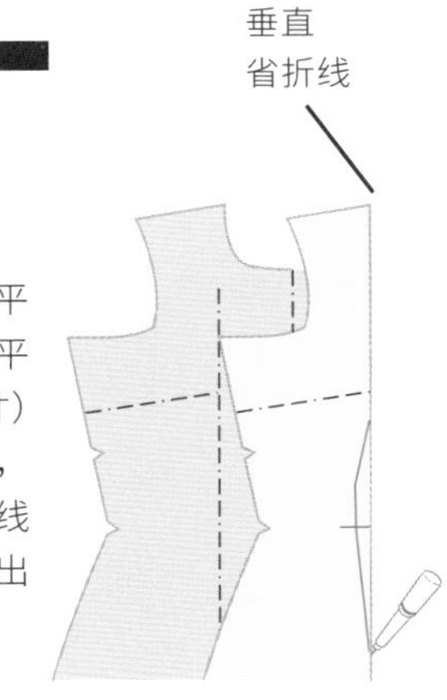

20 沿着垂直省折线折叠布料。腰围和下胸围水平线上的省宽是 1.2cm（0.5 英寸），从腰围水平线开始省道向下倾斜画出一条长 18cm（7 英寸）的线条连接到折线上。同样从腰围水平线开始，向上量出 15cm（6 英寸）的线条连接到省折线上，但是从下胸围水平线上按照如图所示画出斜线。

21 沿着侧胸省折线折叠布料。沿着袖窿向上量取 2.5cm（1 英寸），作为省宽。沿着折线量取 4cm（1.5 英寸），从 4cm 的点向上量取 2.5cm（1 英寸）并做标记。用直线连接两个标记，并画出一条长 10cm（4 英寸）的斜线指向省折线。

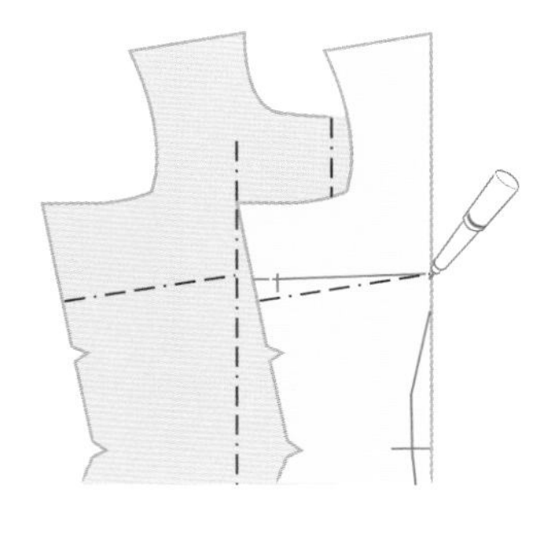

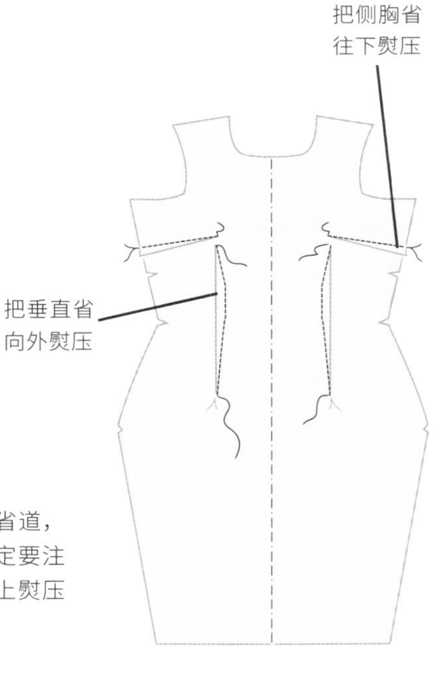

22 缝合前裙片与后裙片上的省道，然后将省道向外熨压。一定要注意不能在前裙片与后裙片上熨压出中心折线。

侧缝

23 沿着绱拉链折叠位把后裙片的布料正面相对，并用珠针固定。展开固定好的后裙片，正面朝上，同时前裙片放在它的上面，前裙片正面朝下。确保前中心折线与固定好的绱拉链位对齐，侧缝线上的剪口都在同一水平位置上。

24 将手放置于布料上的腰围水平线处，然后用一根手指插入布层之间并抓起侧缝，轻轻拉起两层布料使其绷紧平坦。在布层边缘里侧 5cm（2 英寸）的位置上用珠针将布料固定在一起。你会发现布料边缘不会很好地对齐，但这样没关系。在另外一边、下胸围水平线的两侧也重复这个做法。同样在胸围水平线、底摆水平线处对齐布料边缘并用珠针固定。

25 从中心折线开始，向右手边测量并标记出胸围、下胸围、腰围和臀围尺寸，沿着相对应的水平线上将每个尺寸分成 4 等份。按步骤 6 的做法连接各个标记；这条线便是接缝线。

26 将裙片翻转过来，这样背面便在上方，复制右手边画的接缝线。沿着画好的线车缝，缝合肩缝线，取 1.2cm（0.5 英寸）的缝份。检查是否合体并做出必要的调整。现在裙片可以缝合在一起了，你还可以参考个别款式的详细指引进行制作。

半裙样板

对我来说半裙是一件必需品，因为我喜欢单穿或者与我衣橱里的单品混搭着穿，但我知道不是每个女人都喜欢这些喜好。这个基本样板不仅会为你提供制作其他半裙款式的基础，还可以添加到一个及腰长的衣身样板（见 22 页）中，一起做出一些带有腰部接缝线的连衣裙款式。我的背部有一个很深的凹位，我发现当我在商店试穿半裙的时候，裙腰的位置不能贴合我的腰部。如果你和我一样的话，这就是你要面对的困窘。你要在腰围水平线的位置把省做成 2cm（0.75 英寸）宽，而不是正常建议下的 1.2cm（0.5 英寸）。这样修改的话会使你的半裙能够很好地贴合你的身体曲线。

注意事项

通常只需将布料的正面对折起来，除非有特殊说明。有一点非常重要，就是对折叠过的折痕进行熨烫以形成明确的折痕。

所需测量尺寸

水平测量尺寸（见 16 页）

- 腰围
- 臀围

垂直测量尺寸（见 17 页）

- 腰围线至臀围线
- 腰围线至膝围线

所需布料量（见 17 页）

- 宽边 = 臀围尺寸 +35.5cm（14 英寸）
- 长边 = 腰围线到膝围线的长度 +2.5cm（1 英寸）

所需工具

- 卷尺
- 布料记号笔
- 熨斗和熨烫板
- 珠针
- 剪刀

方法

1 沿着宽边将布料对折一半并铺平，抚平布料上的所有褶皱，这条对折线便是前中心线。沿着中心折线相对的一边（右边）将两层布料一起翻折 5cm（2 英寸）的绱拉链量，这条折边边缘便是后中心线。

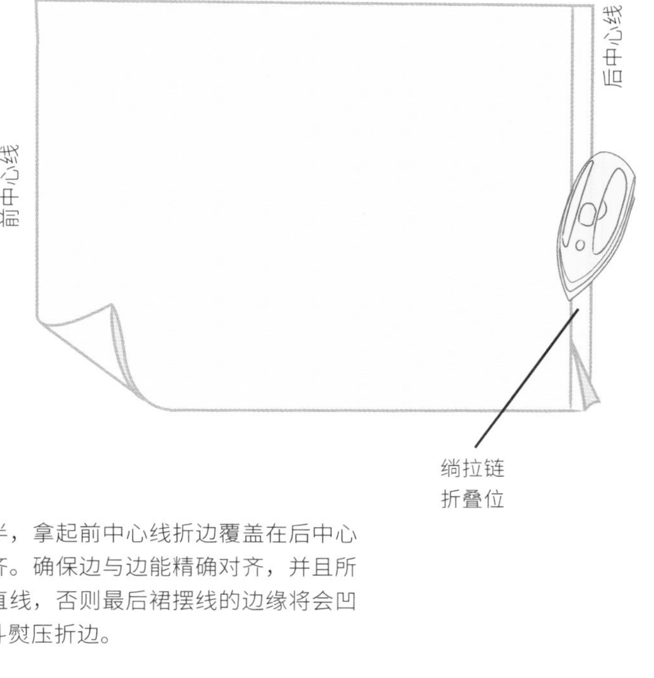

前中心线
后中心线
中心折线
需要对齐

2 将布料对折一半，拿起前中心线折边覆盖在后中心线折边上并对齐。确保边与边能精确对齐，并且所有的折线都是直线，否则最后裙摆线的边缘将会凹凸不平。用熨斗熨压折边。

3 将卷尺始端放置于折叠布料的最顶边，用布料记号笔画出小破折号标记出垂直测量的尺寸：腰围线到臀围线的尺寸再加上 1.2cm（0.5 英寸）后的长度，腰围线到膝盖线的尺寸再加上 2.5cm（1 英寸）后的长度。现在布料的最顶边是腰围线，第一个破折号的标记是臀围线，最低处的破折号位于布料的最底边，即底摆线。

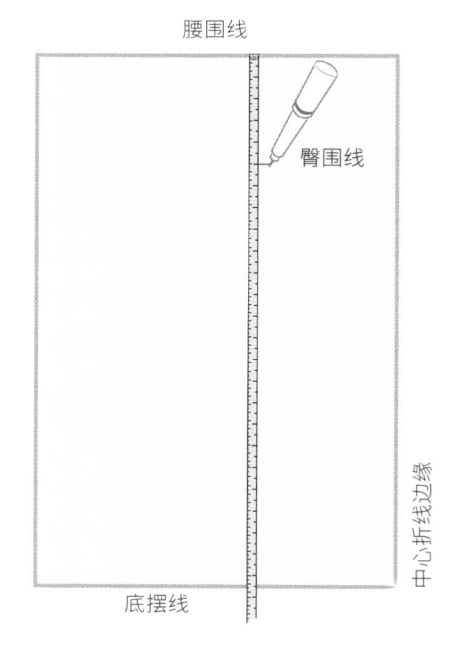

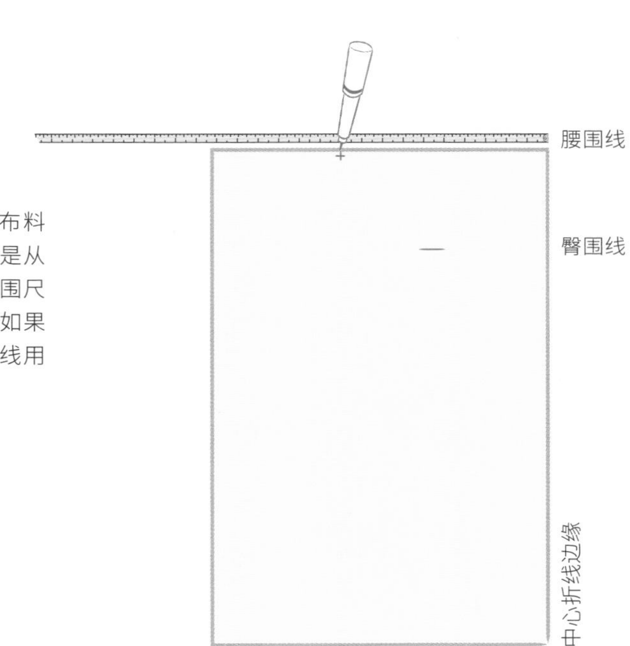

4 设想这些标记好的垂直尺寸以直线的形式横跨在布料上，每条直线都有相应的水平尺寸，这些水平尺寸是从中心折线处开始，沿着直线测量出来的。把你的腰围尺寸等分 4 等份后的数值，再加上 5cm（2 英寸）。如果体型较胖，可以加上 7.5cm（3 英寸），沿着腰围线用小十字符号标记出这些尺寸。

5 把你的臀围尺寸等分 4 等份后的数值加上 5cm（2 英寸）（或者 7.5cm［3 英寸］，依据步骤 4 中的做法），沿着臀围线用小的十字标记出来。将臀围尺寸减去 2.5cm（1 英寸），然后沿着底摆线标记出新的尺寸。

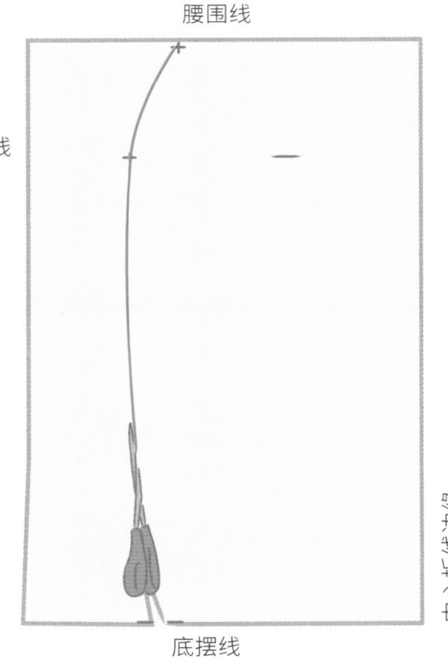

6 用一条平滑的曲线连接各个十字标记，这条线便是侧缝线，沿着这条曲线将两层布料一起裁剪。

7 将折叠的布料最上一层的前裙片与后裙片分开。在前中心折线上，从腰围线往下量出 1.2cm（0.5 英寸）并做标记。在腰围线上画出一条曲线，曲线从之前做的标记处出发斜向上直到侧缝线处，沿着这条曲线裁剪布料。

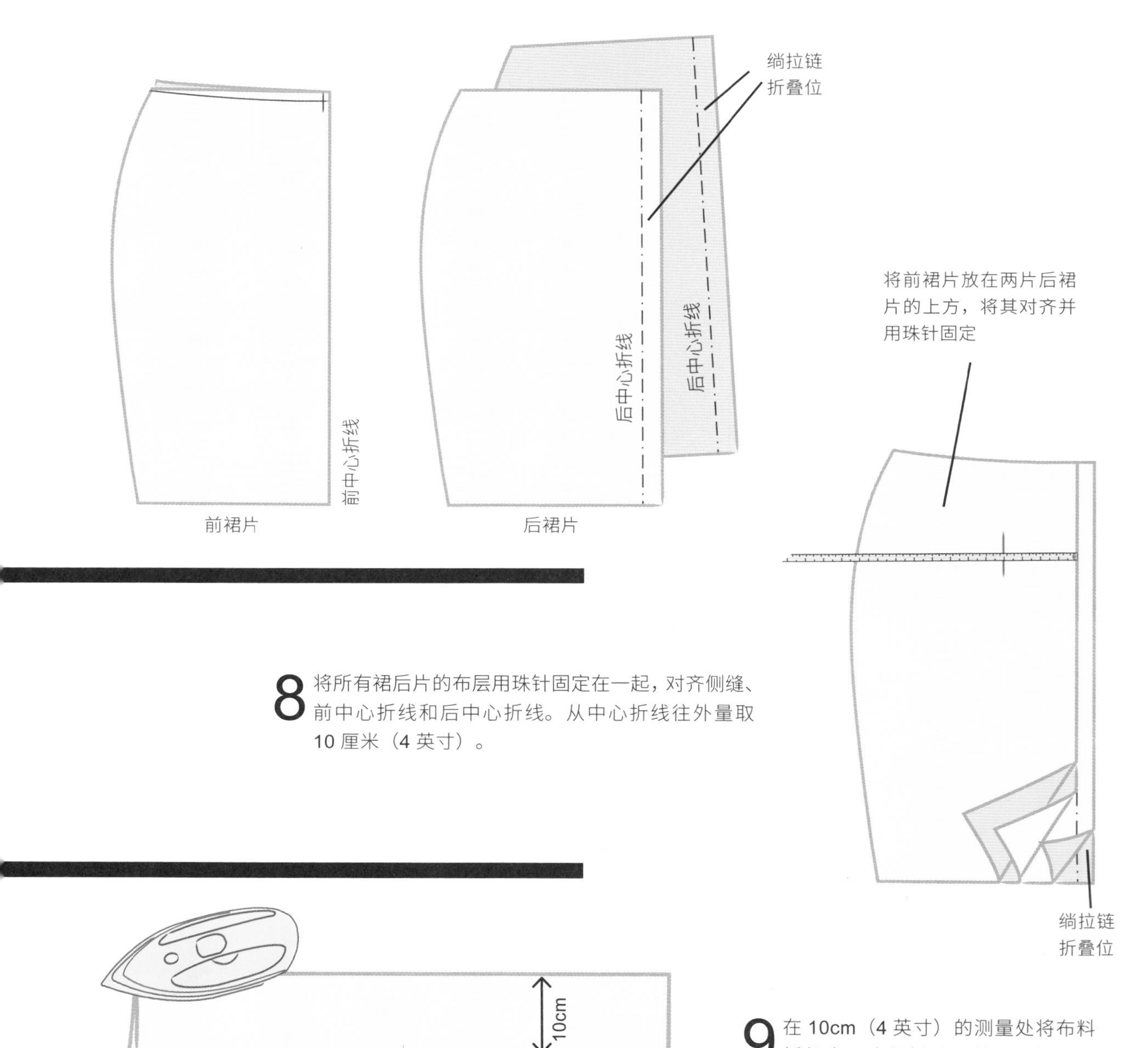

8 将所有裙后片的布层用珠针固定在一起，对齐侧缝、前中心折线和后中心折线。从中心折线往外量取 10 厘米（4 英寸）。

9 在 10cm（4 英寸）的测量处将布料折起来，确保折边与前中心折线、后中心折线平行。这条新的折线将是每个省道的省中心线，因此用熨斗熨压定型。

10 分开所有的裁片并展开。你会发现展开布料后其中两条省道折线向着布料的正面，另外两条则向着布料反面。所有的省道折线需要折向布料的反面，因此要按照要求把省折线再折回来并且重新熨压。

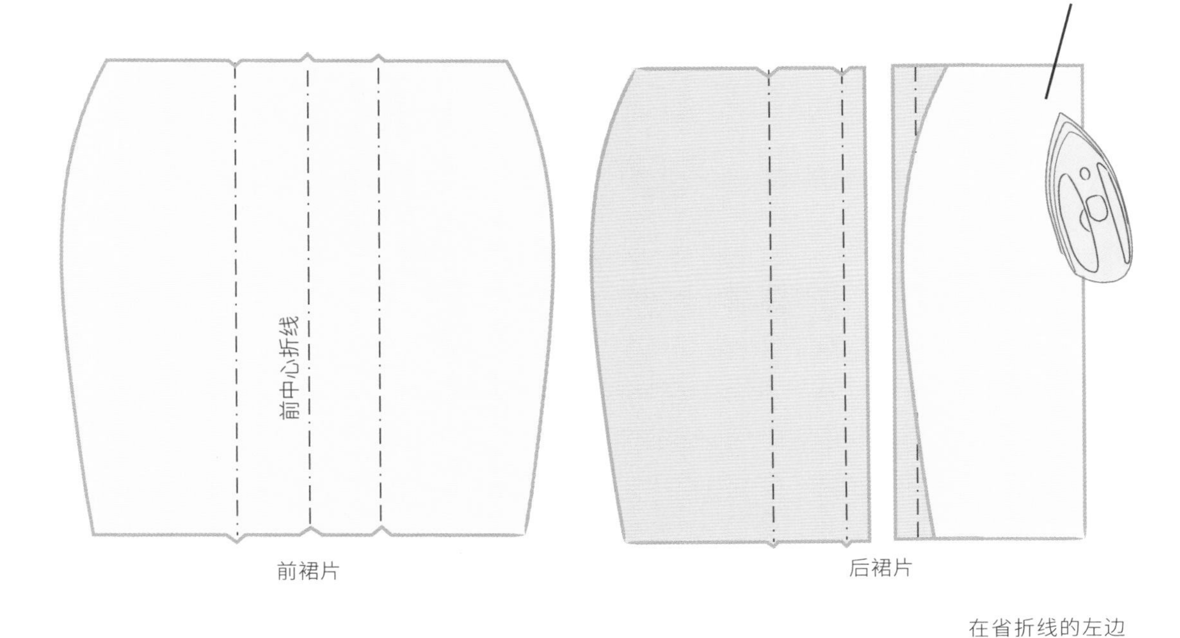

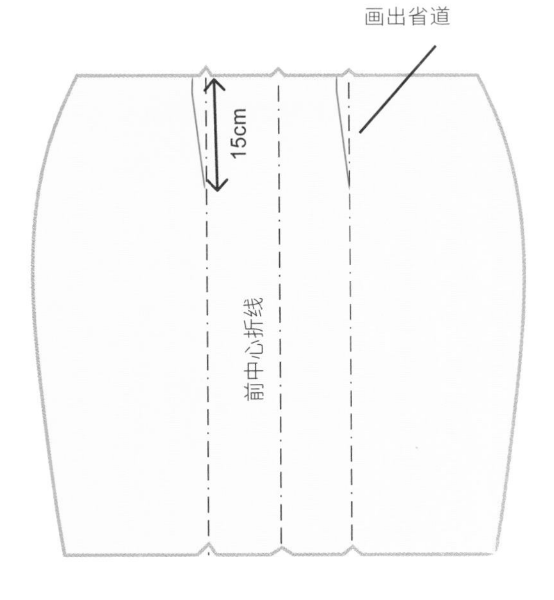

11 在前裙片和后裙片上的省道折线左边画出省道线。这条裙上腰围处的省道宽 1.2 厘米（0.5 英寸），长 15 厘米（6 英寸），或者 2.5cm（1 英寸）宽，如果你在第 4 和第 5 步骤中把 7.5cm（3 英寸）加到了腰围和臀围尺寸里面。现在你的裙片可以缝合在一起了。你还可以参考个别款式的详细指引进行制作。

喇叭裙样板

裙摆通常是一个圆圈或由一个圆圈的某个部分裁剪而成，它可以用来制作各种半裙（见100～115页）和褶饰裙（见116页）。以下是两种喇叭裙样板的测量方法和用料安排：半喇叭裙和全喇叭裙。这些样板可以制作出美妙的褶皱，这取决于你选取的面料幅宽与裙长。两种样板的不同之处在于面料的安排和划分的公式。

所需测量尺寸

- 腰围（见 17 页）
- 裙摆长度（见以下步骤）

公式

- 半喇叭裙公式（半圆）：腰围尺寸 /3.14
- 全喇叭裙公式（全圆）：腰围尺寸 /(3.14×2)

所需布料量

首先，通过你所选用的公式计算。你可能会计算出带有小数点的数值，将结果四舍五入后得到最近的整数或带有 0.5 的，就是最先得出的半径长度。这个数值将会是服装的腰围尺寸。

其次，计算出喇叭裙的长度。例如，如果你正在制作一条喇叭连衣裙，那么就要用肩膀到下摆的长度减去肩膀到腰部的长度再加上 4cm 才能得出喇叭裙的长度。

将喇叭裙的长度计入第一次计算的半径长度上，得出的新数值则是第二半径长度，它将是衣服底摆的尺寸。

制作半喇叭裙的用料

宽边 = 第二半径长度 ×2
长边 = 第二半径长度 + 2.5cm（1 英寸）

制作全喇叭裙的用料

宽边 = 第二半径长度 ×2 + 2.5cm（1 英寸）
长边 = 第二半径长度 ×2 + 2.5cm（1 英寸）

所需工具

- 卷尺
- 布料记号笔
- 熨斗和熨烫板
- 剪刀

注意事项

本案例中都是将布料的右侧折叠起来，除非另有说明。熨烫定型每个褶皱，并产生明显的折痕很重要。如果有需要，两个剪开处可以给缝制后中心线上的拉链时预留量。如果不需要缝制拉链，那么就不折叠布料并按照步骤，将前中心线与布料边缘对齐折叠，而不是与绱拉链量的边对齐。

半喇叭裙的制作方法

1 沿着布料的宽边将布料折叠一半并铺平，确保没有任何褶皱，这条折痕就是裙片前中心线。如图所示，当确定裙片的前中心线后，从前中心线置于最上方的角度来看，位于右手边的边缘则为裙片后中心线。当要在裙片后中心线绱拉链时，可以沿着后中心线边缘，将两层布料一起向左（以谷折的方式）折叠2.5cm（1英寸），留出绱拉链的量。

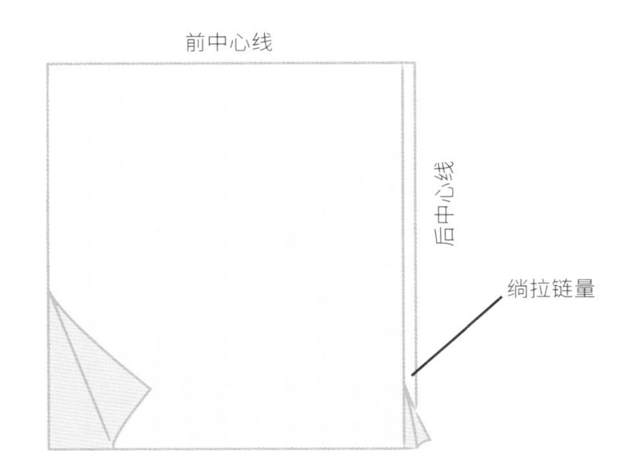

2 将裙片前中心线的布边对折，与后中心线的绱拉链折叠位布边的边缘重合、对齐。这种斜向折叠出的折痕将是裙片的侧缝。折叠后的裙片前中心线与拉链的折叠线能否平行一致、前中心线布边折叠后在最高处形成的角是否是一个锋利的尖端，这些都具有重要的影响作用，反而不用担心折叠后的底边是否能够对齐。在折叠过程中需要确保所有的折叠都必须是直线折叠，否则最后出来的底摆边缘线将会凹凸不平。确保无误后可以用熨斗将折痕进行熨烫定型。

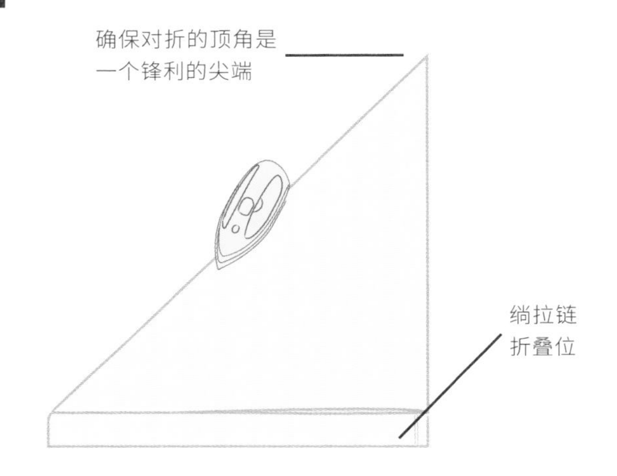

3 将卷尺的一端置于折叠后的尖端角上，以尖端角为圆心点，使卷尺在裙片后中心线布边与前中心线布边斜折的折痕线之间进行旋转，在旋转过程中用记号笔标出之前计算好的第一半径与第二半径的圆弧位置。

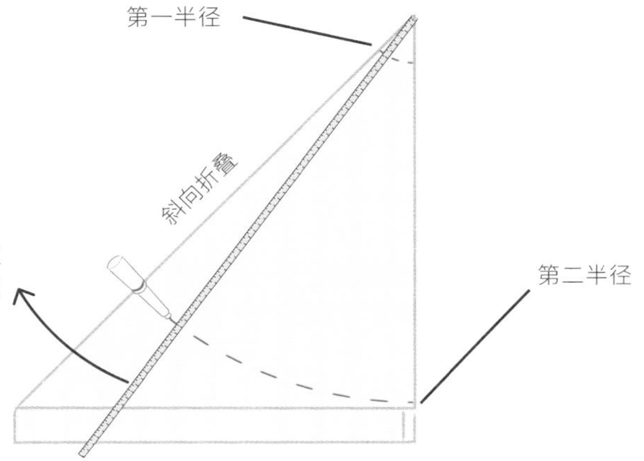

4 用剪刀沿着标记好的两个圆弧半径轨迹，将布料剪开，剩下一个扇形布料。然后用剪刀沿着前中心线斜折的折痕将折叠的两层布料剪开。

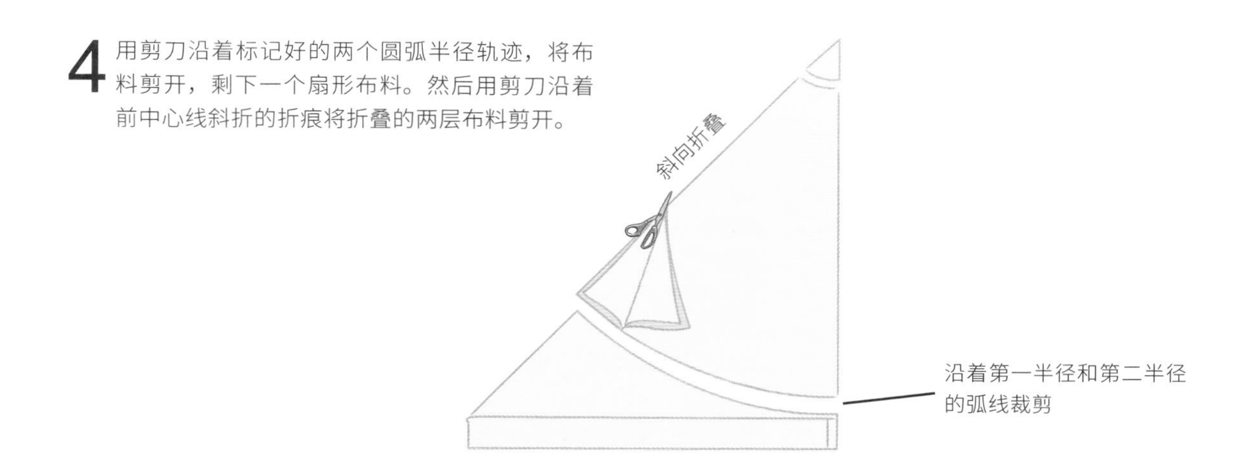

5 经过裁剪后，可以得出一块带有熨烫后形成的前中心线折痕的扇形状前裙片，另外还有两块带有熨烫后形成的绱拉链折叠位的扇形状后裙片。现在，你可以把这些裙片缝制在一起了。接下来你可以根据书上各个细节的指导方案来完成便可。

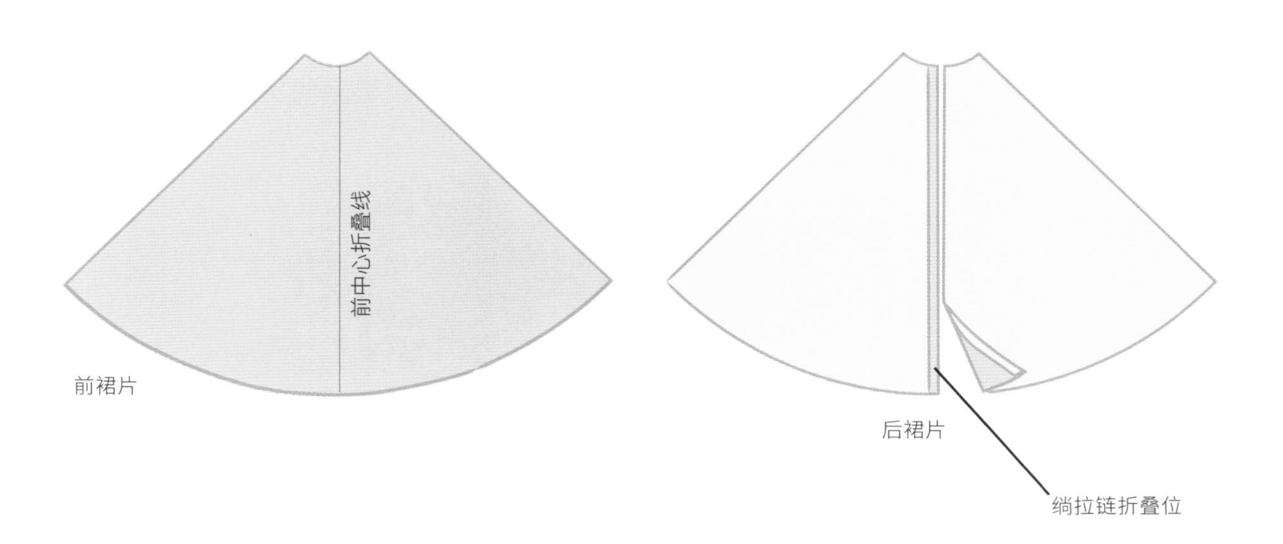

全喇叭裙的制作方法

这种全喇叭裙型的裁剪方法既可以保留侧缝线和裙片后中心线的绱拉链量，也可以完全不接缝。

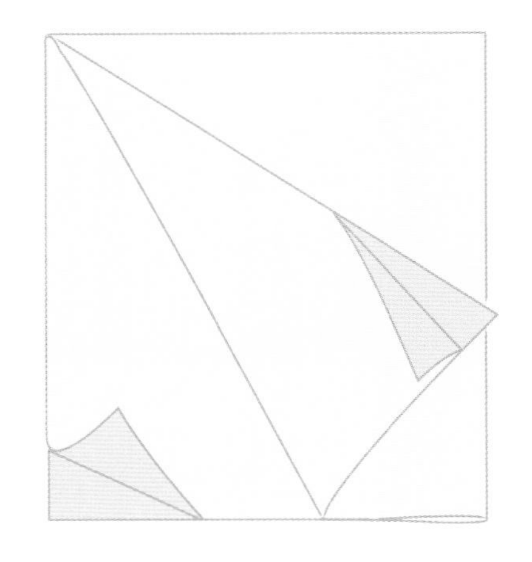

无接缝的方法

1 将布料纵向上对折一半，然后再在横向上对折一半。所有的折叠都要非常精确，并且每个需要折叠的步骤都要对折痕进行按压。

2 用卷尺以所有布料折叠边重合的角为圆心，向下测量出第一半径和第二半径并进行旋转，用记号笔标出卷尺旋转过程中第一半径与第二半径在布料上的弧线轨迹。

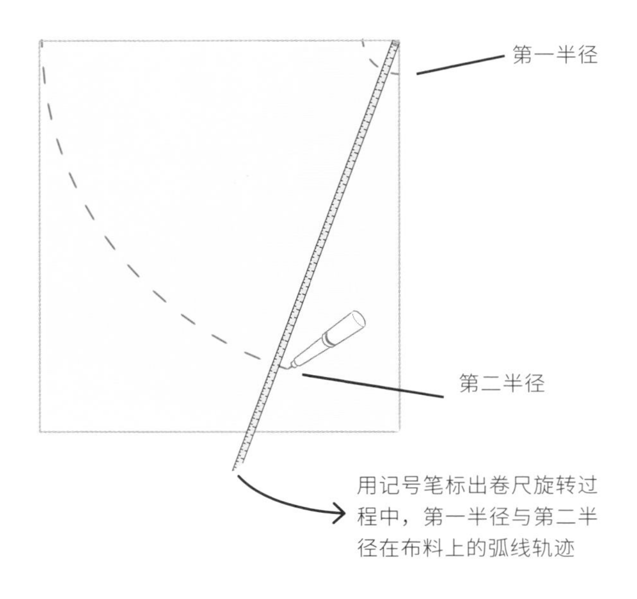

3 用剪刀将两个弧形半径轨迹外的所有布料剪掉，得出一个扇形布料后将布料展开，这时可以看到一个圆心掏空的正圆形布片。

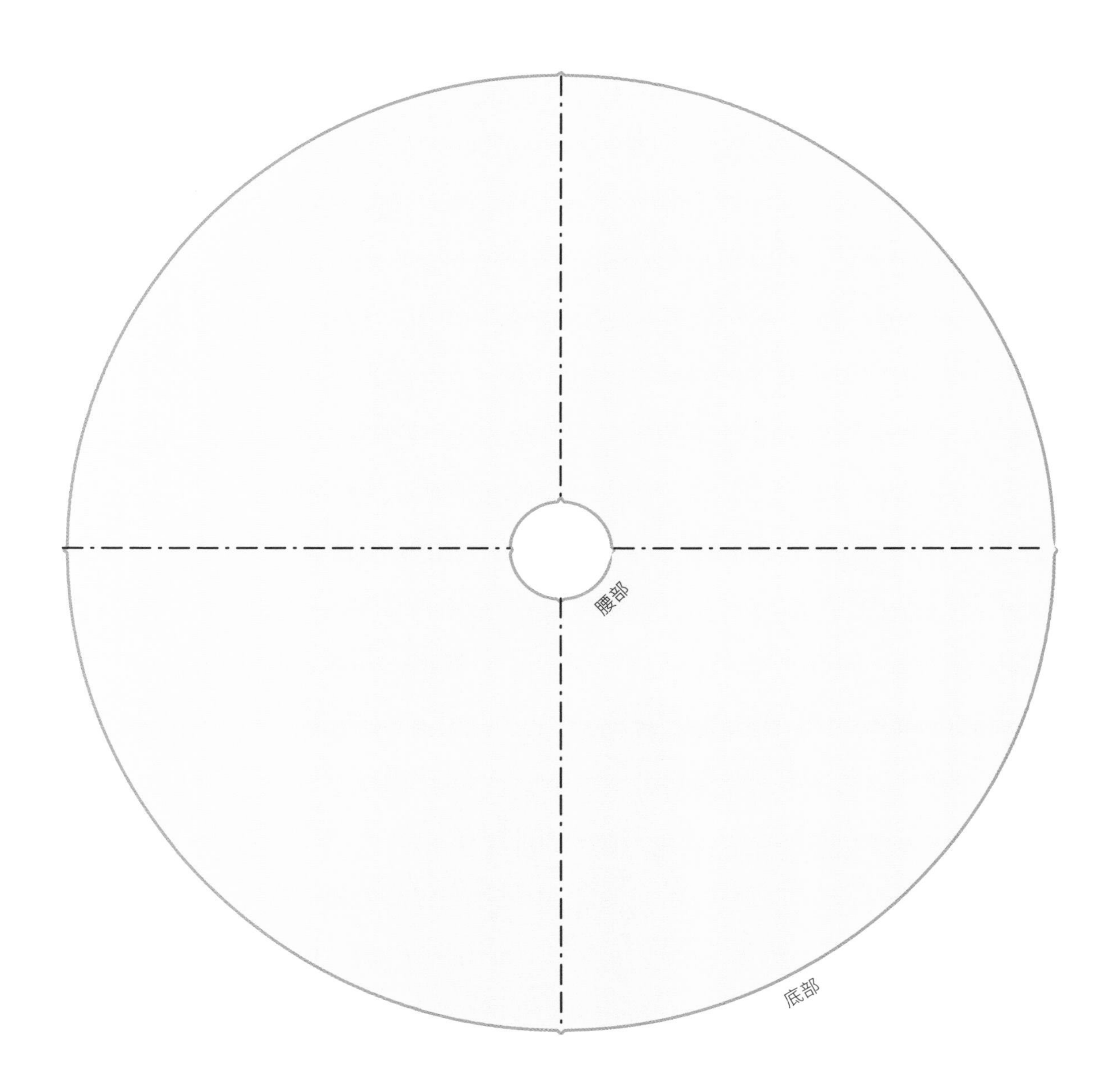

带有侧缝线和绱拉链量的裁剪方法

1 沿着布料的幅宽边缘对折一半并铺平，抚平布料上的所有褶皱：这个折痕就在前裙片的前中心线上，侧缝在后裙片上。把对折的折痕位于最上方，裙片的后中心线则在右手边的布边处。当要在裙片后中心线绱拉链时，沿着后中心线边缘，将两层布料一起向左（以谷折的方式）折叠 2.5cm（1 英寸），留出绱拉链的量。

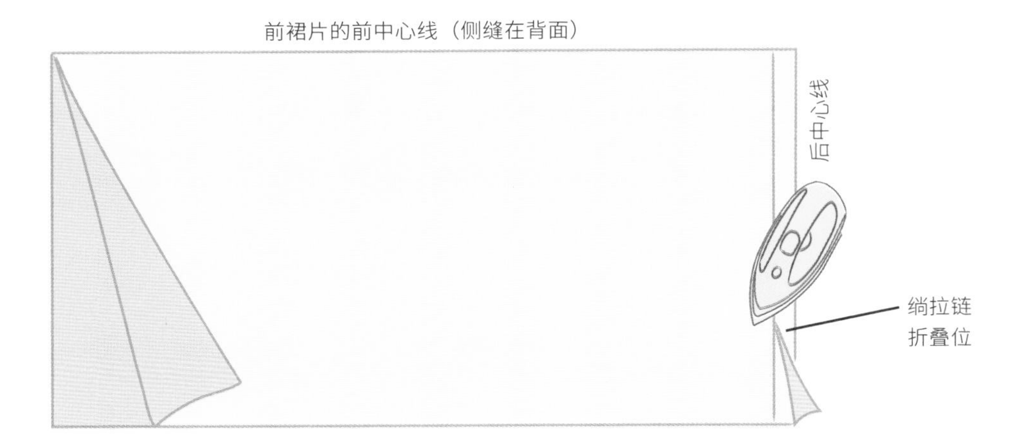

2 将布料对折一半，即把绱拉链折叠位的布边边缘与相对的另一边的布边边缘重合、对齐，在折叠过程中需要确保所有的折叠都必须是直线折叠，否则最后出来的底摆边缘线将会凹凸不平。确保无误后可以用熨斗将折痕进行熨烫定型。

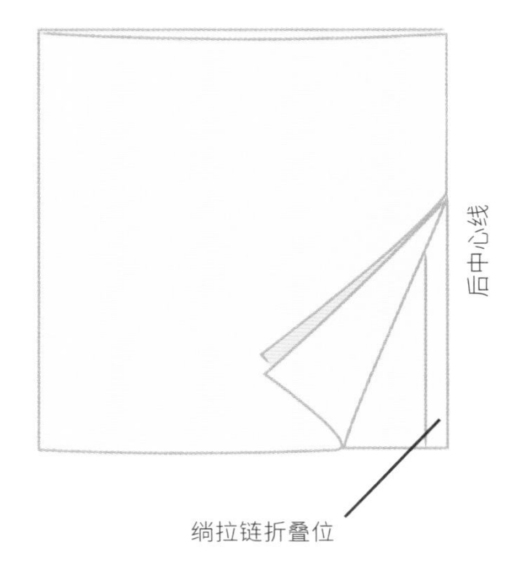

3 将卷尺的一端置于绱拉链折叠位边缘的那层折叠布料最上方的尖端角上，并以这个角为圆心旋转卷尺，用记号笔标出第一半径和第二半径在布料上的弧线轨迹。

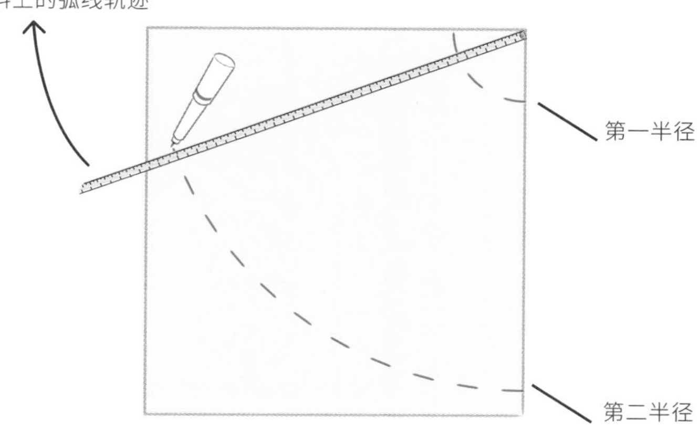

4 用剪刀沿着第一半径弧线和第二半径弧线将弧线外的布料剪掉，并把对折的所有布料层剪开。在带有绱拉链折叠位的后裙片上，用剪刀沿着绱拉链折叠位的布边边缘相对的另一边，剪开对折的布料以作为裙片的侧缝。

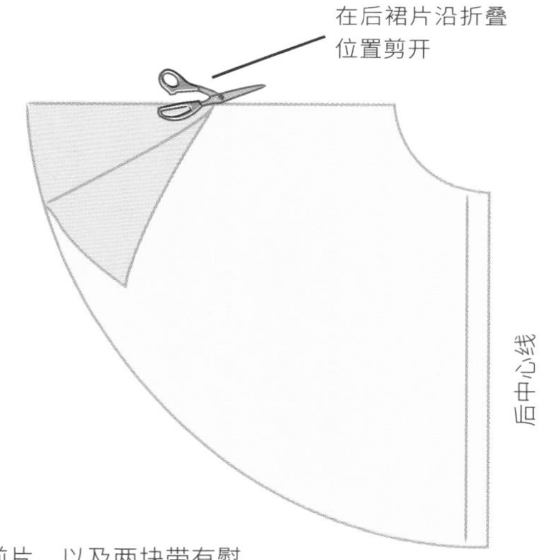

5 经过裁剪后，可以得出一块带有前中心线熨痕的半圆形裙前片，以及两块带有熨烫后形成的绱拉链折叠位的 1/4 圆形状的后裙片。现在，你可以将这些裙片缝制在一起了。接下来你可以根据书上各个细节的指导方案来完成便可。

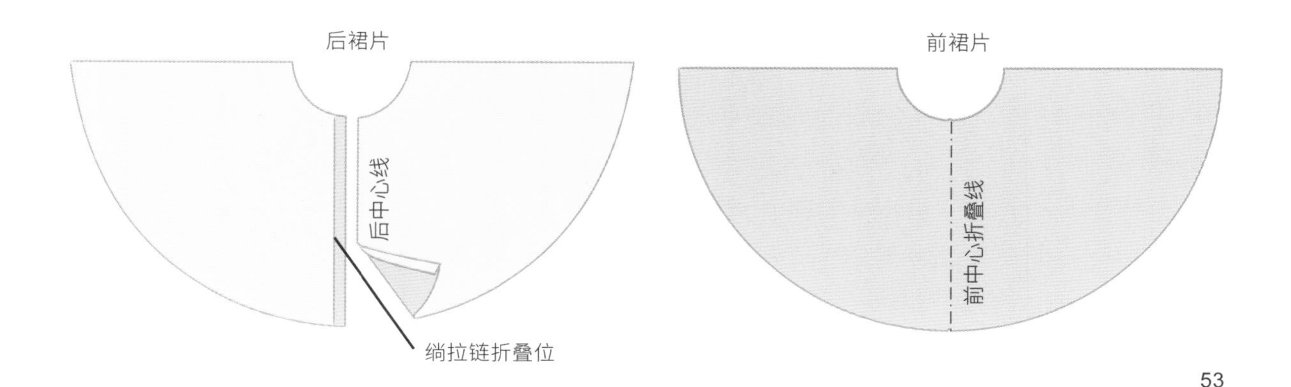

袖子样板

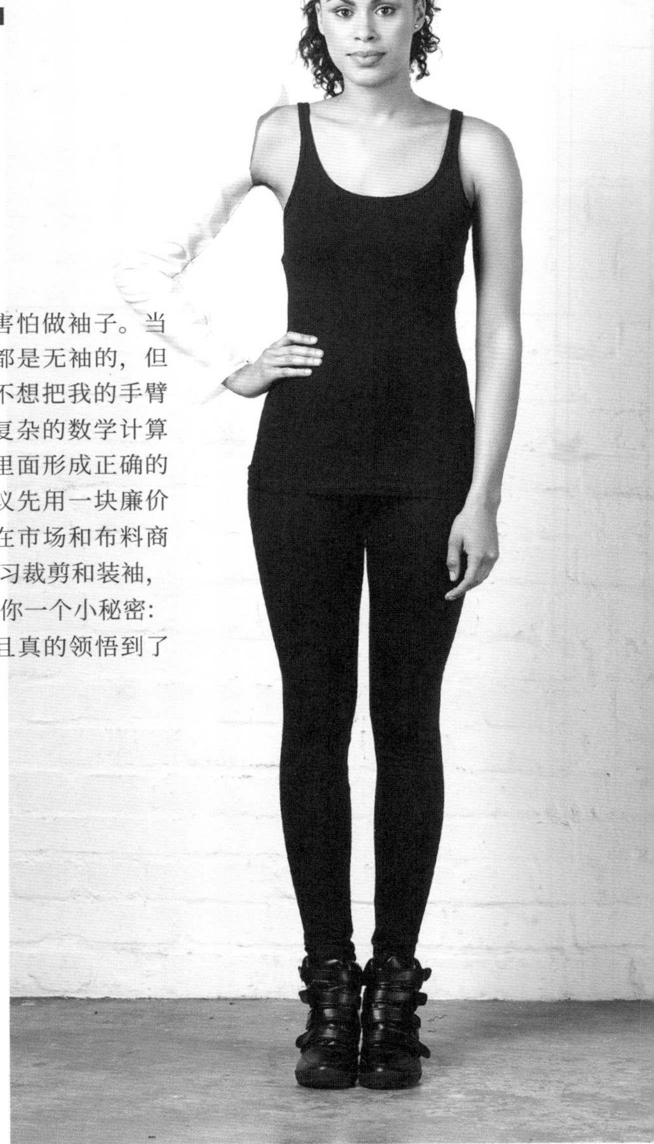

即使是最有经验的裁缝也比较害怕做袖子。当我开始学缝纫时，我做的所有款式都是无袖的，但是这些款式我不喜欢，因为我真的不想把我的手臂露出来。无板型裁剪法不需要使用复杂的数学计算方法去制作袖头，但是在你的脑海里面形成正确的曲线效果前要多做几次实验。我建议先用一块廉价的涤棉布做出一件衣身基本样板（在市场和布料商店那些地方都可以买到），用它来练习裁剪和装袖，直到你有足够的信心再做出来。告诉你一个小秘密：我花了整整一天的时间做袖子，而且真的领悟到了很多关于做袖子的技巧。

注意事项

通常只需将布料的正面对折起来，除非有特殊说明。有一点非常重要，就是对折叠过的折痕进行熨烫以形成明确的折痕。

所需测量尺寸

水平测量尺寸（见 16 页）

- 腕围

垂直测量尺寸（见 17 页）

- 腋下长

其他测量尺寸（见 17 页）

- 臂围
- 肘围
- 袖长
- 肘长

所需布料量

- 宽边 = 臂围 × 2 + 5cm（2 英寸）
- 长边 = 袖长＋ 4cm（1.5 英寸）

所需工具

- 卷尺
- 布料记号笔
- 熨斗和熨烫板
- 米尺
- 剪刀

注意事项

这个部分会介绍如何用一个袖子的基本板型裁剪出一个合体盖肩袖和一个泡泡袖。要注意，你是在同一时间内制作两个袖子。

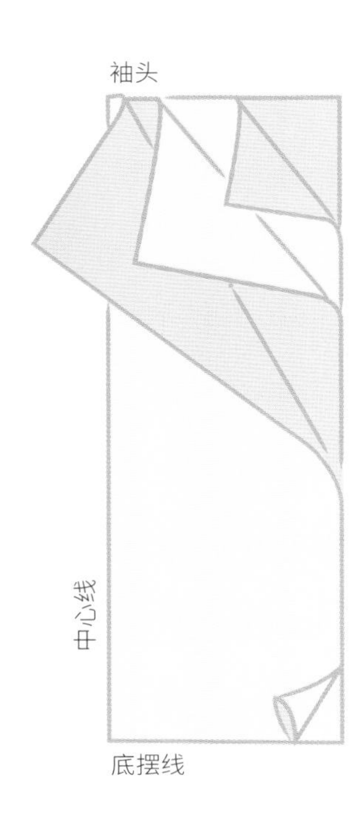

方法

1 沿着宽边将布料折叠一半，然后沿着宽边再次将布料折叠一半。最上面的边缘是袖头，最底下的边是底摆线，第二次折叠后的侧边折线就是袖子的中心线。

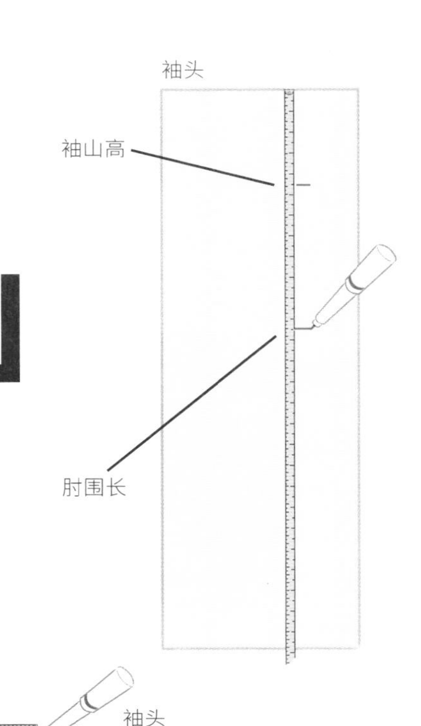

2 从你的袖长中减去腋下长，得出的数值就是袖山高。将卷尺始端放置于袖头边缘，用布料记号笔标记出袖山高和肘长。

3 设想这些标记好的垂直尺寸以直线的形式横跨在布料上，每条直线都有相应的水平尺寸，这些水平尺寸是从中心折线处开始，沿着直线测量出来的。将臂围的尺寸等分 2 等份后的数值再加上 1.2cm（0.5 英寸），然后在袖山高线上用十字符号标记出来。将你的肘围等分 2 等份后的数值再加上 1.2cm（0.5 英寸），然后在肘长线上用十字符号标记出来。将你的腕围尺寸等分 2 等份后的数值再加上 1.2cm（0.5 英寸），然后在底摆线上用十字符号标记出来。

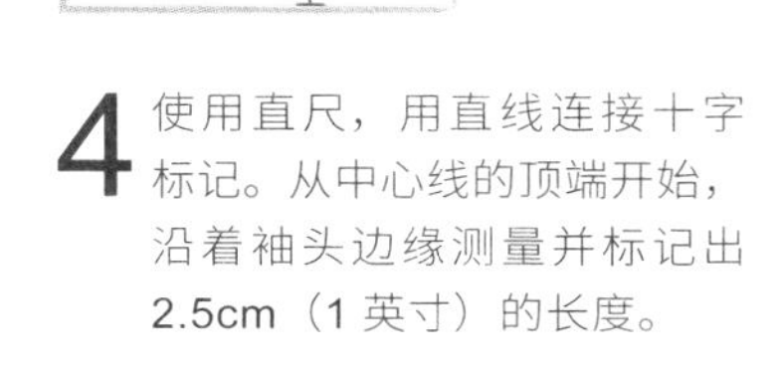

4 使用直尺，用直线连接十字标记。从中心线的顶端开始，沿着袖头边缘测量并标记出 2.5cm（1 英寸）的长度。

5 这是袖子的一部分，你需要练习后才能做出正确的曲线效果。从袖山线上的十字符号开始，朝着袖头 2.5cm 处记号的方向，画出一条大约占两个标记点 1/3 长的凹形曲线。

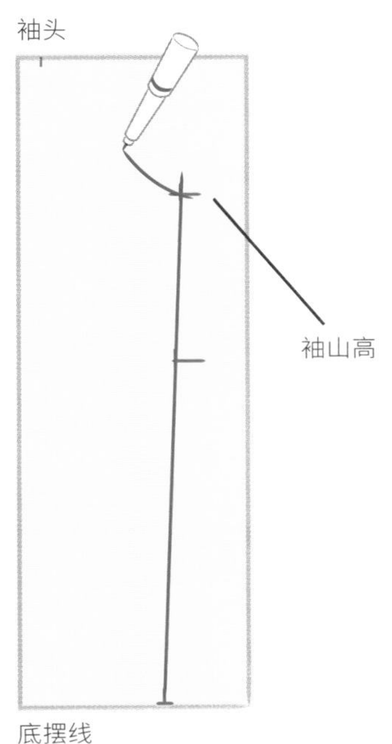

在袖头边缘的圆滑曲线

6 在刚才 1/3 处的位置开始倒转曲线方向，以凸起的曲线圆滑过渡到袖头边缘的标记点上。

在袖头的中心位置打个剪口

7 在所有的布层上沿着所画的线裁剪出两片袖片。在袖头的中心位置、侧缝线的肘围线边缘打剪口。

在肘围线边缘打个剪口

绱袖

对于袖子，我发现把袖子的正面和衣服的反面翻出来是最容易做的。然后把袖子塞进衣服的袖窿中，这样袖子的正面就会对着衣服的正面，不过我会从袖子和衣服的反面开始做。

车缝两行抽缩缝线

抽拉这些尾线以使袖头聚拢

标准合体袖头

1 在袖头处车缝两行长缝线（抽缩缝线），两行线要靠近，分别距离边缘处 6mm（0.25 英寸）和 1cm（0.375英寸）。每行线都从距离袖子侧缝线4cm（1.5英寸）的地方开始车缝和结束，并在每行线的开始与结尾处留出一条长的尾线。

2 在袖头处轻轻抽拉尾线，使袖头稍微聚拢在一起。

3 将衣服的侧缝与肩缝线缝合，留出 1.2cm（0.5 英寸）的缝份。缝合袖子的腋下接缝线，整理缝份并把接缝熨开。把袖子的正面翻出来。

4 将布料正面相对，把袖子套进衣身里面。袖子的侧缝线与衣身的侧缝线对齐，用珠针把两层布料固定在一起。用珠针把袖子的中心线剪口处与衣身的肩缝线对齐固定在一起。通过调整袖头处的抽缩缝线，使袖头能够松开与袖窿对位，要确保布料抽褶最多的位置能够均匀地分布于整个袖头，同时用珠针在整个袖窿外围上将袖子与袖窿口固定在一起。

袖头上的剪口要与肩缝线对齐

袖子的侧缝线要与衣服的侧缝线对齐

衣服的反面朝外，袖子的正面朝外

5 从侧缝线开始，在对位的地方缝合袖子与衣身。或者也可以先在对应的位置上粗缝，然后再用缝纫机车缝，最后拆掉那些粗缝线。

制作泡泡袖或褶裥袖

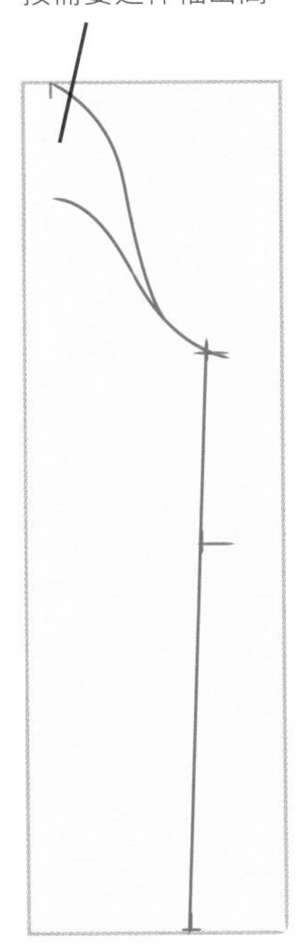

布料的长度（对于不同的袖头高度都要通过试验决定出不同的长度）至少要比袖长还要长 13cm（5 英寸）。

从你的袖长减去腋下长，得出的数值就是你的袖山高。将额外的长度加入这个尺寸里面，就得出了新的袖山高度。用这个新的数值依照这里说的标准方法画出袖子。

泡泡袖

像标准的合体袖那样将袖子抽褶，但是要把抽褶的地方抽拉得更紧。与标准的合体袖一样，用珠针将袖子固定在衣身上的侧缝处和肩缝处，要确保抽褶均匀分布，然后在对应的位置缝合袖子。

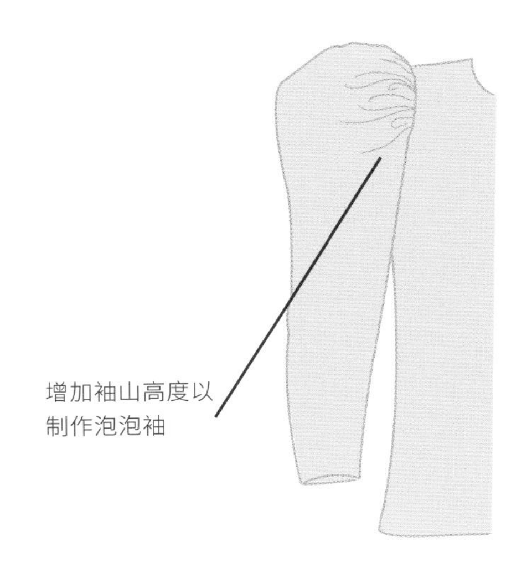

褶裥袖

1 在衣身的袖窿上，在褶裥的开始与末端处打个小剪口。与标准合体袖一样，将袖子用珠针固定到衣身上的侧缝与肩缝线上。

2 从侧缝开始，将袖子的两边对准衣身上的剪口并车缝。

3 测量袖子与袖窿还未缝合的部分的长度，计算出前者减去后者的长度。将这个数值除以你想要的褶裥深度，这样，你就可以知道能做多少个褶裥。如果这个得出的结果是一个小数，那么就取四舍五入后的整数。

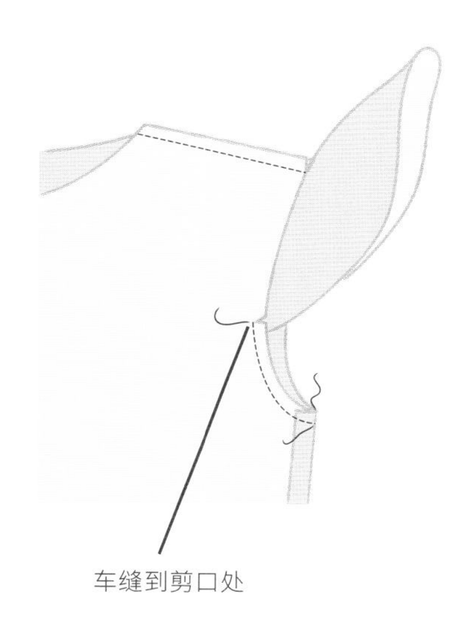

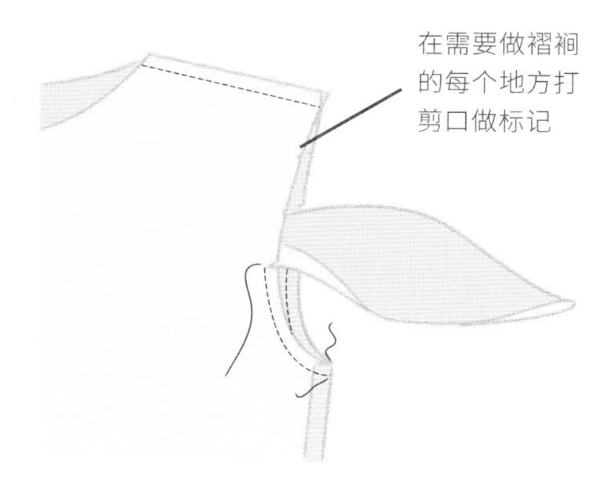

4 在衣身的袖窿上，在要做褶裥的位置打剪口。例如，如果有六个褶裥（每边三个），那么就在每边的肩缝位置打三个相同间隔的剪口。如果做出来的褶裥是单数，例如 7 个，那么在肩缝处就会有一个褶裥，这个褶裥应该做成一个箱形褶裥（参考步骤 7）。

5 决定你的褶裥要往哪个方向倒——请记住，这些褶裥要分别在肩缝的两旁往同一个方向倒。这里褶裥有 5cm（2 英寸）宽，因此我在每个剪口的两边各做了一个 2.5cm（1 英寸）长的粗缝。在第一个剪口处做第一个褶裥。

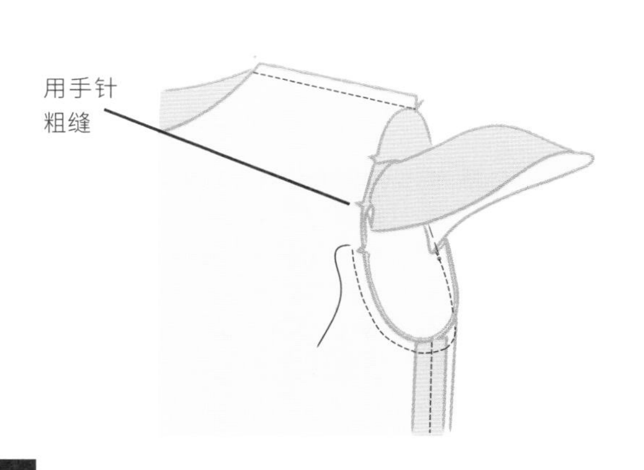

6 如果褶裥是单数的，那么就从剩下的褶裥里面选出肩缝线上的其中一个褶裥，然后把它去掉。

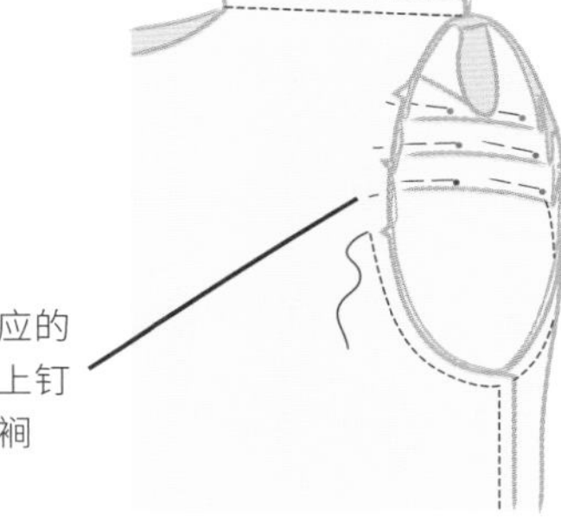

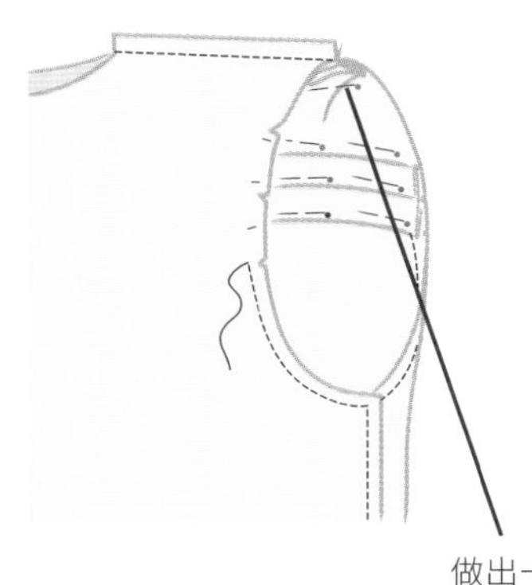

7 如果做出来的褶裥是单数，那么就把多余的布料放在袖头再做一个箱形褶裥。

8 在对应的位置将袖子剩余的部分车缝好。

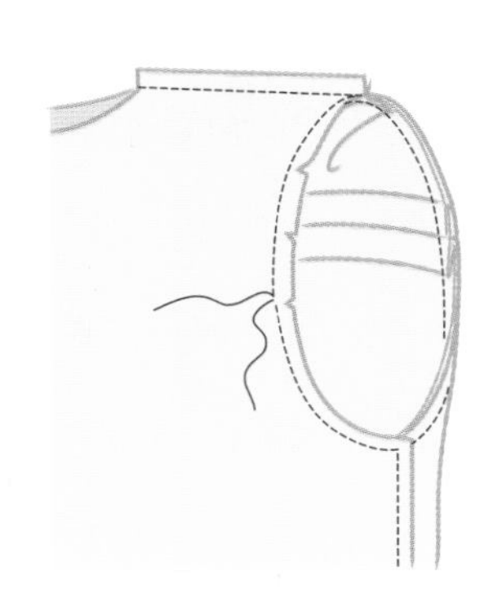

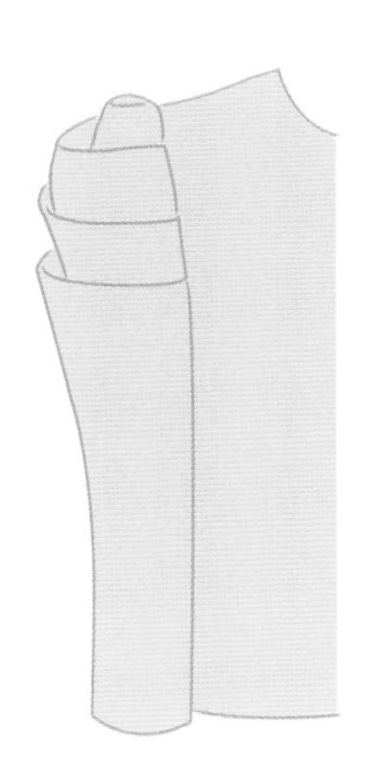

第 3 章

经典款式制作

在本章，你将会看到多种上衣、半身裙、连衣裙及夹克外套等款式，这些款式都是我设计出来帮助你理解徒手裁剪法的。如果你习惯于使用纸样裁片来缝制服装，你会发现这种方法可能在一开始会有点棘手，但是相信我，当你掌握操作方法后将会变得事半功倍！我把简单的款式放在前面，后面的款式相继会更有难度和挑战性。当学会裁制这些服装后，你将会掌握一些技巧帮助你完成更具有难度的款式。对于一些款式我做了两个不同的版本，这样可以让你知道通过选择不同的布料和做出细微的设计调整都会呈现出不同的效果。当你开始有信心时，你会一直想去做各种尝试，做出一些商店找不到的但却是你心中一直想要的衣服。我想鼓励你去尝试一些特别的面料和装饰，这样做出的款式更能适合你自己的风格。我想让你摆脱商业化的缝纫模式和激励你创造自己的时尚生活。我可以告诉你 : 你可能再也不想买现成的衣服了！

超长裙

对我来说，没有什么可以胜过在夏天拥有一身浪漫的造型，例如穿一条美丽飘逸的超长裙。这种裙子可以完美衬托出各种身材，因为它将腰位处设计成了紧身包腰的效果，然后沿着腰位及腿部的位置逐渐展开。这个款式的好处是它的多样性，因为你可以使用不同的布料达到截然不同的效果。较硬的棉布在下垂时会形成更多的结构，适合于营造一些丰满的廓形；柔软的丝缎则会给人一种如丝滑流水般的垂褶。如果你不喜欢超长的款式，只需要把裙长弄短点就可以。请记住，你是一个设计师，你可以玩布料、玩长度、玩装饰，让你的想象自由驰骋吧！

所需测量尺寸

- 腰围
- 第一半径（见 47 页）
- 第二半径（见 47 页）

所需样板

- 喇叭裙样板（见 46 页）

所需布料量

宽边 = 第二半径长度×2＋91.5 cm（1 码。约值，下同）
长边 = 从布边到布边至少 145cm（58 英寸）幅宽的布料

所需工具

布料 • 黏合衬 • 直尺
卷尺 • 布料记号笔
熨斗和熨烫板 • 缝纫机
与布料颜色匹配的缝纫线
隐形拉链 • 裁布专用剪刀

说明

通常只需将布料的正面对折起来，除非有特殊说明。有一点非常重要，就是对折叠过的折痕进行熨烫以形成明确的折痕。一般情况下会取 1.2cm（0.5 英寸）的宽作为缝份，除非另有说明。

1 按照喇叭裙片样板的说明，计算出第一半径的长度。第二半径的长度是在裙长的基础上加上 4cm（1.5 英寸）和第一半径的长度。将第二半径的长度乘以 2 倍，然后测量布边的长度，并且把多余的布料裁掉，放在一边。

2 沿着布边将布料对折一半，这就是前中心线的折痕。按照制作喇叭裙样板的方法步骤 1～5 做出一个喇叭形，并在后中心线折叠出 2.5cm（1 英寸）的绱拉链缝合量。

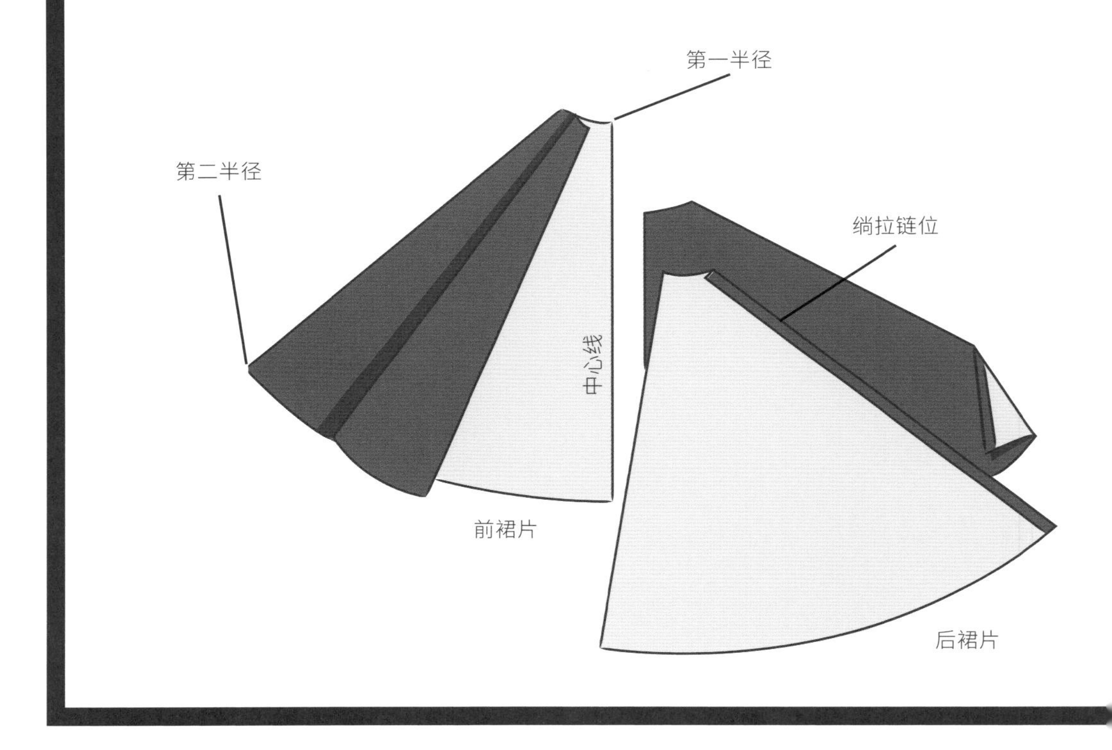

3 裁出一条宽 15cm（6 英寸）、以腰围长度加上 10cm（4 英寸）的量为长边的布条。将布条纵向折叠一半并加以熨烫。然后将布条横向折叠一半，这条折边就是前中心线。在布片开口的末端翻折 2.5cm（1 英寸）的量作为绱拉链缝合量并加以熨烫，把对折的两层布片一起翻折，这就是后中心线。将前中心线向后中心线位置翻折并对齐边缘，这个折痕就是缝份。

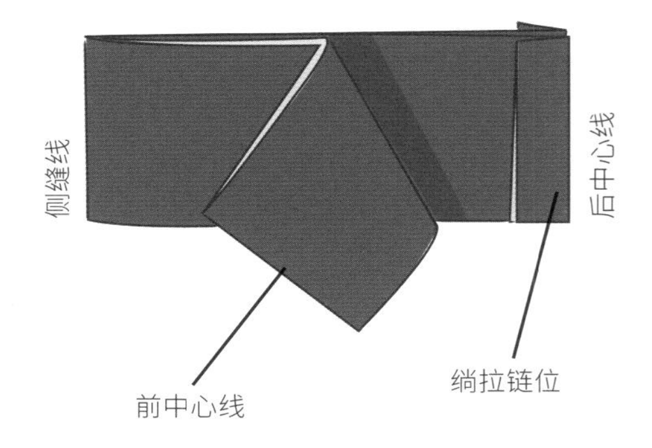

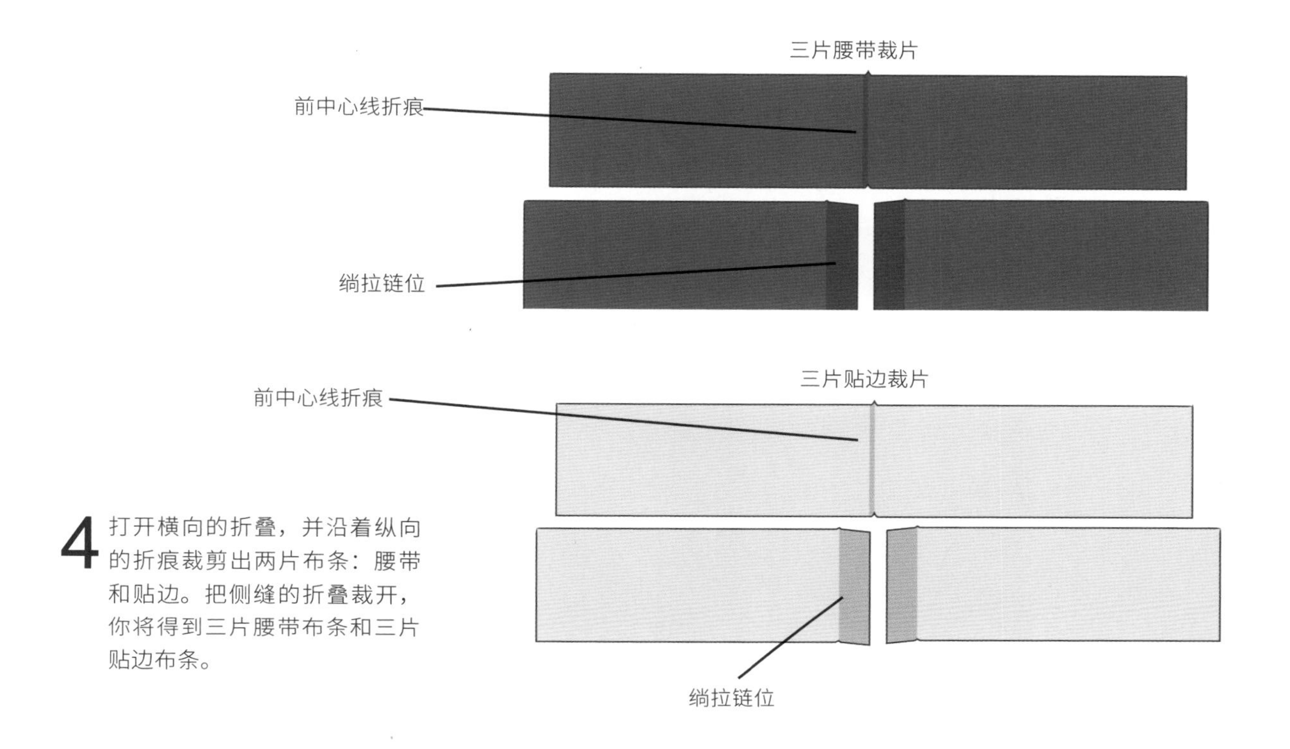

4 打开横向的折叠，并沿着纵向的折痕裁剪出两片布条：腰带和贴边。把侧缝的折叠裁开，你将得到三片腰带布条和三片贴边布条。

5 用贴边的布条为样板，在黏合衬上裁出与贴边一样的形状，但是要在后中心线处预留出绱拉链缝合量的接口。把黏合衬熨在贴边条的反面进行加热使其黏附在布上，留出的绱拉链缝合量不用绱黏合衬。

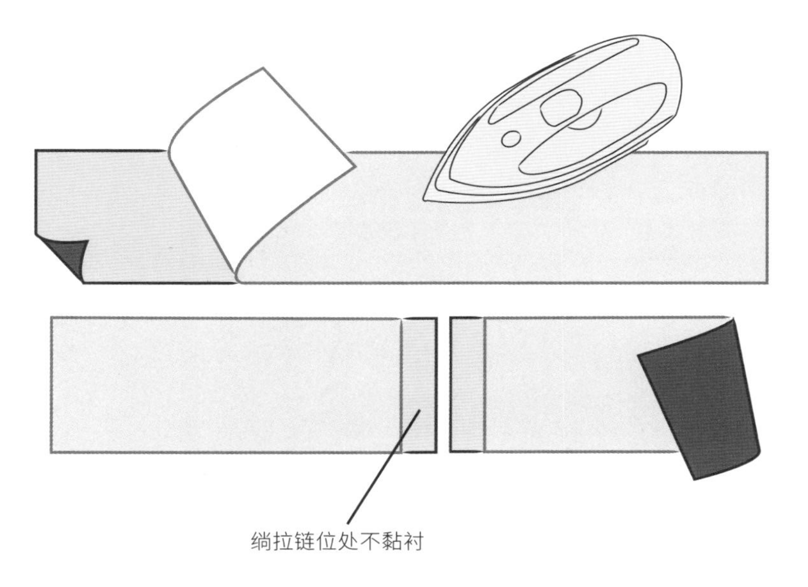

6 将布料正面相对并对齐中心折痕，沿着最上端的边缘把前贴边车缝在前腰带处。将布料反面相对，把后贴边车缝在后腰带处，但是在距离绱拉链缝合量折叠处 2.5cm（1 英寸）的地方不进行车缝。把所有布片上的缝份用暗包缝缝到贴边上（见 10 页）。

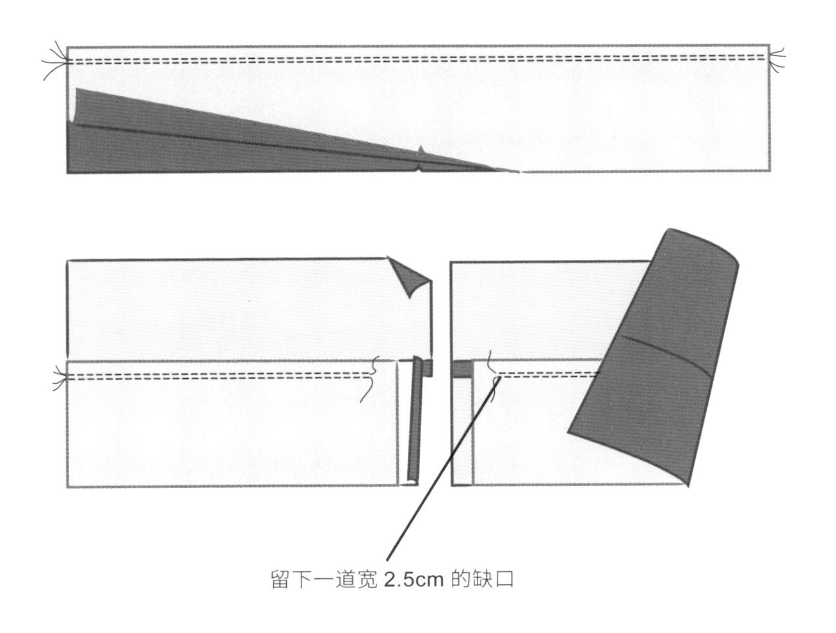

7 将布片正面相对并对齐前中心线，把前裙片车缝到前腰带处。将布片反面相对，把后裙片车缝到后腰带上。

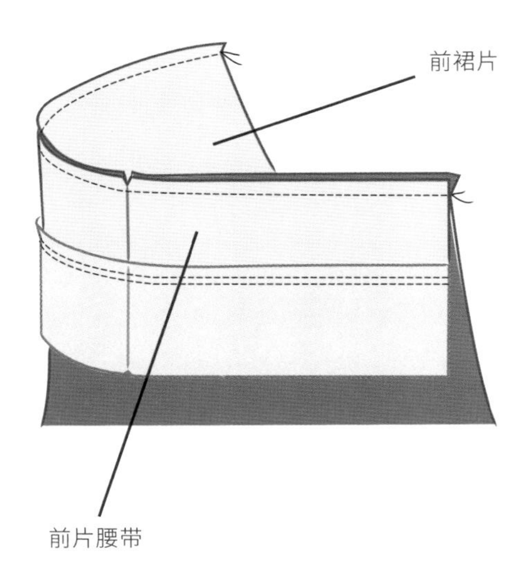

8 将两块布片正面相对，沿着绱拉链缝合量的折痕把两块布片的后中心线缝合在一起，从腰带向下 18cm 处开始一直车缝到裙摆末端。

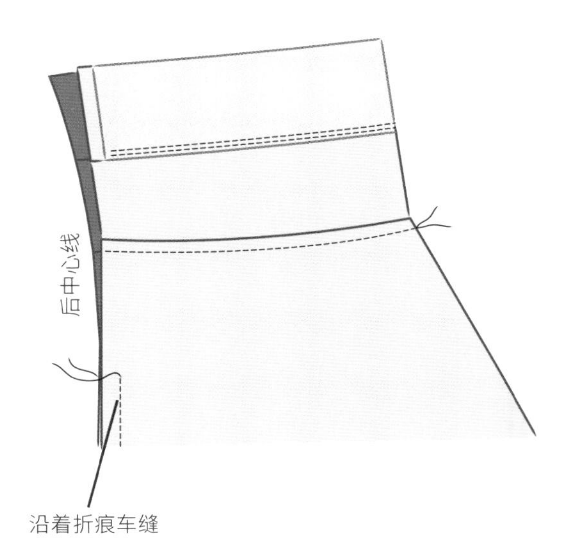

9 在后裙片装上隐形拉链（见 13 页），将拉链从接缝的顶部一直车缝到腰头的顶部。沿着每块贴边的毛边向下折叠 1.2cm（1 英寸）并熨烫。

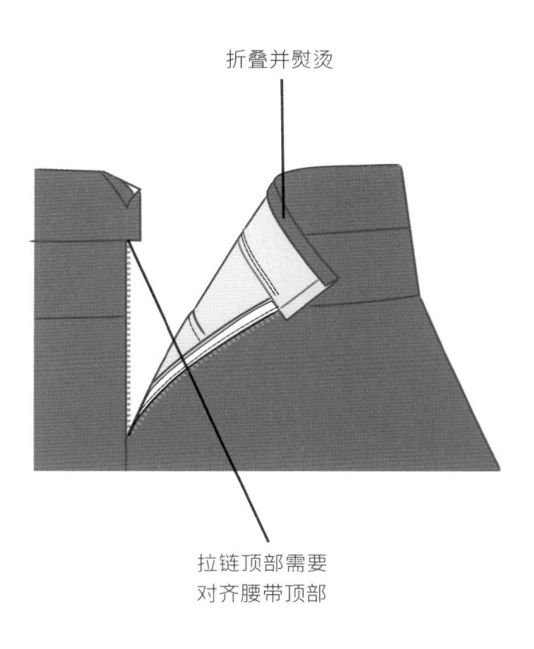

10 展开贴边的折边。将布片正面相对，缝合前裙片与后裙片，沿着侧缝从贴边的毛边一直车缝到裙摆底端。确保缝份都朝向裙摆的顶端，在这个步骤中，需要测试适合度并做出一些必要的调整，然后对裙子的缝份进行锁边或 Z 字缝。

11 如图所示将贴边的缝份进行修剪（见 10 页），这样可以减少腰头布料的厚度，然后把缝份用熨斗熨开使其服帖。

12 沿着长的顶边，将腰头和贴边两端开口的部位进行车缝，在拉链缝合处的折边位置停下，然后在腰头的短边处车缝固定。剪掉多余的拉链条并修剪缝份的拐角。

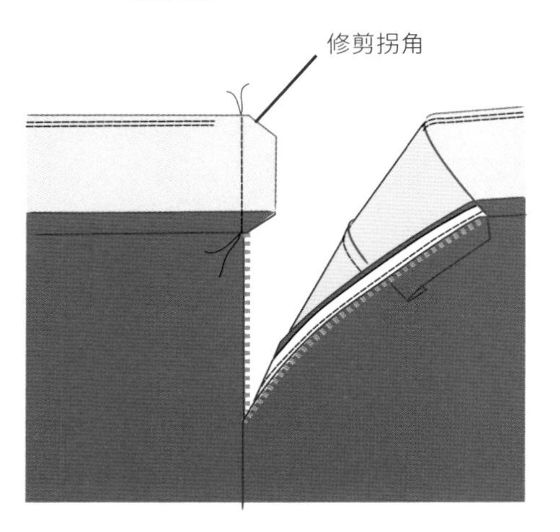

13 将腰带的正面翻折出来，小心翼翼地把腰带的角整齐、完整地翻出来。

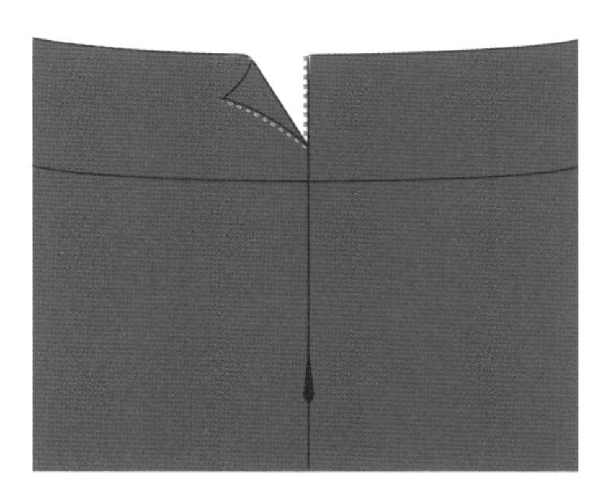

14 将贴边底边翻折，并用暗针将其缝在腰带的缝份上，使其刚好在接缝处上方。

15 用滚边机处理裙底摆（见12页）。

款式变化

这条蓝色裙（见64页）是用一种流动感、垂感好的布料制成的。黑白色的那个款式（见71页）是用质感较重的印花布料制成的。它也可以被制成无腰带的不同款式。请参照100页双圆裙的制作方法，以便了解如何制作一条没有腰带的裙子。

蝙蝠袖上衣

我喜欢简易缝纫，只需要花费几个小时就能做好衣服的款式。这种款式通过使用一些华丽布料如天鹅绒，就能使造型活泼起来，能够使用一些让人眼前一亮的元素做点缀，又或者使用一些更加休闲的布料塑造一种慵懒感的雅致造型。我与闺蜜们晚上外出时，总是会在最后一刻才能决定穿什么，或者有时候我只想在第二天早上穿一些新的款式去上班。无论你的偏好是什么，或基于什么理由，这个款式是如此百搭、快捷易缝，选用这种款式，可以将弹性面料运用得非常自如，达到预想效果。我推荐一种双向拉伸的布料，因为它容易处理而且更有可预测性，更合身。你只需要参考衣身样板的横向测量法和纵向测量法并进行一定调整便可。这件上衣能够做成一件束腰上衣或者一条连衣裙。

说明

通常只需将布料的正面对折起来，除非有特殊说明。有一点非常重要，就是对折叠过的折痕进行熨烫以形成明确的折痕。一般情况下会取 1.2cm（0.5 英寸）的宽作为缝份，除非另有说明。

所需测量尺寸

水平测量尺寸（见 16 页）

- 胸围
- 腰围
- 臀围

垂直测量尺寸（见 17 页）

- 肩至腰围线
- 肩至臀围线
- 后颈到袖口

所需样板

- 衣身样板（见 22 页）

所需布料量

这个款式需要双向拉伸布料。
确保宽边沿着布料的拉伸方向。
宽边 = 后颈到袖口的长度 ×4 ＋5 cm（2 英寸）
长边 = 肩膀到底摆＋2.5cm（1 英寸）

所需工具

- 布料
- 裁布专用剪刀
- 卷尺
- 锁边机（可自选）
- 双头钩针
- 熨斗和熨烫板
- 珠针
- 针和撞色缝纫线
- 布料记号笔
- 缝纫机
- 与布料颜色匹配的缝纫线

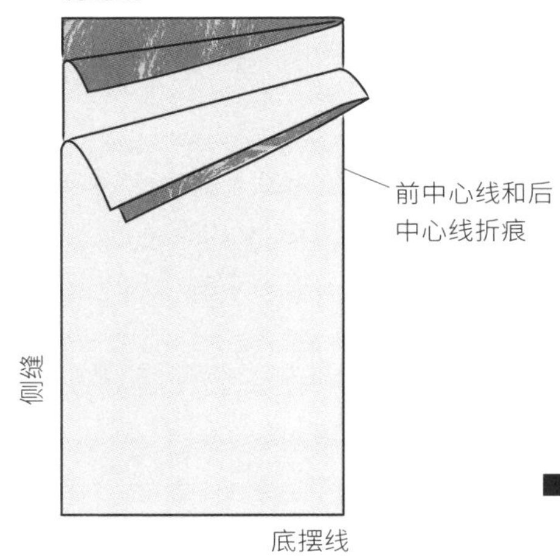

1 沿着宽边将布料对折一半，然后沿着折痕裁剪。把裁剪后的布片分别沿着宽边对折一半，用熨斗熨烫折痕，然后把布片叠放一起，对齐所有边角。最顶端的边缘可以作为肩缝线，底边可以作为底摆线，折痕就是前中心线和后中心线，跟中心线相对的、不闭合的另一边就是侧缝线。

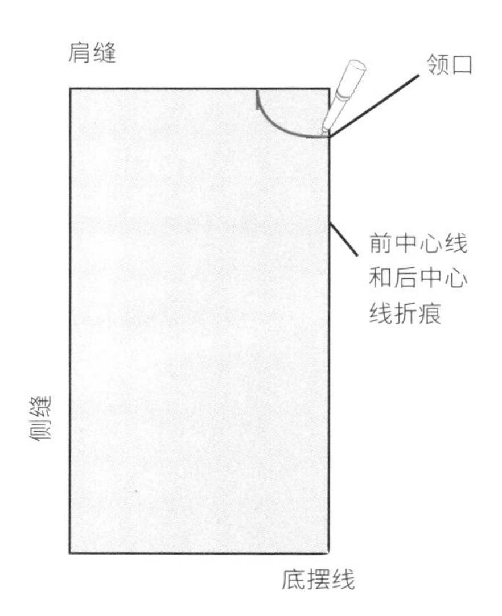

2 从中心折叠位置最顶端的角开始，沿着肩缝线量取并标记出 9cm（3.5 英寸）的长度，然后从顶端的角出发沿着中心折叠线向下量取并标记出 7.5cm（3 英寸）的长度。将刚才标记出的两个点连成圆弧线，这就是领口。

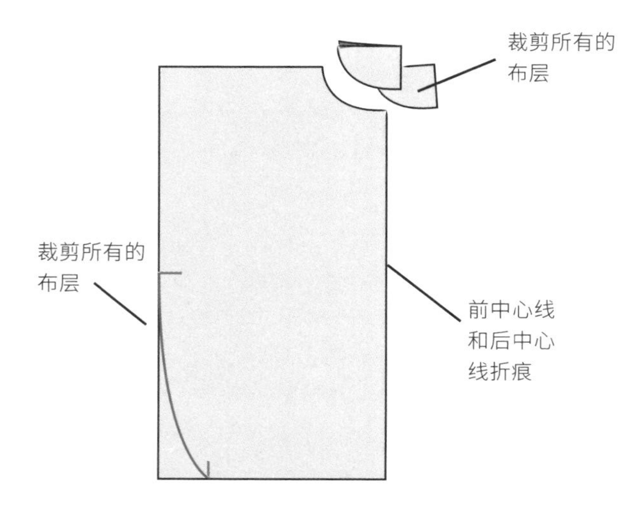

3 将所有布片沿着领口线裁剪，把扇形部分的布片裁掉。在中心线相对的底端角上，沿着底摆线，在距离底端角处向中心线方向测量 9cm（3.5 英寸）的长度并做标记。沿着侧缝测量并标记中心平分点。如图所示，用一条弧线连接两个标记，这条线就是领口线。将布层沿着这条领口弧线裁出一个扇形，并放到一边。

4 翻开所有的布层，一层叠一层地放置，正面相对，并对齐所有边缘。缝合肩缝线。

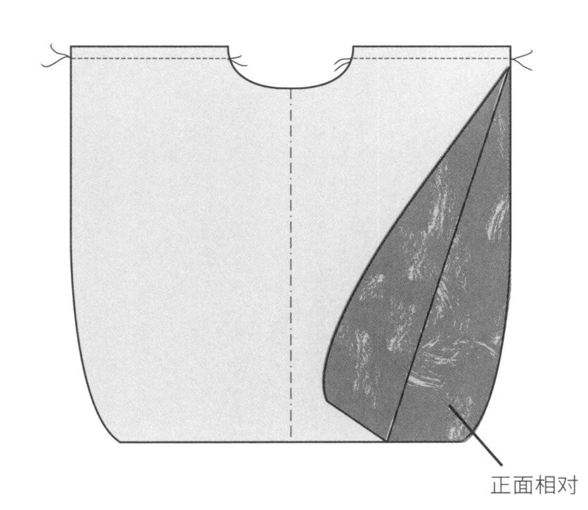

5 展开被缝合的衣片并铺平，对整个衣片的外围边缘及领口边缘进行锁边缝或Z字缝。将所有被锁边的边缘向内折出一条底边，并且用双头钩针车缝所有内折的边缘，从表面上看会有两条缝线显现在衣片的边缘处，这种做法比较适合弹力织物。

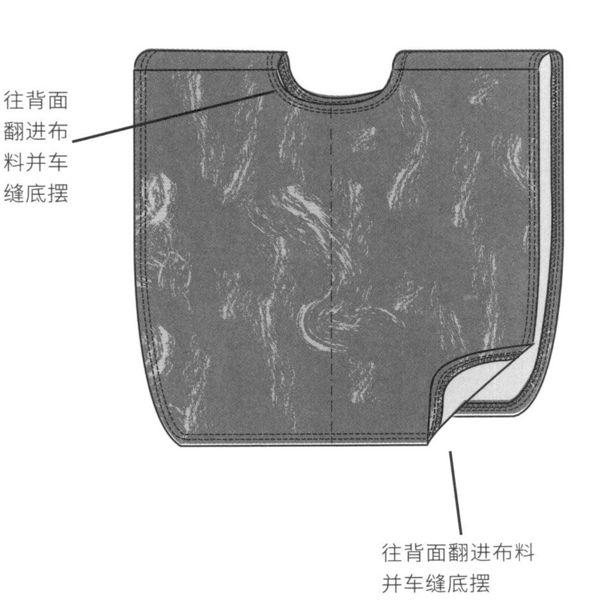

款式变化

这款蓝绿色的上衣（见73页）是由中等重量的针织布制作而成的，使用了袖子效果较宽大的尺寸。

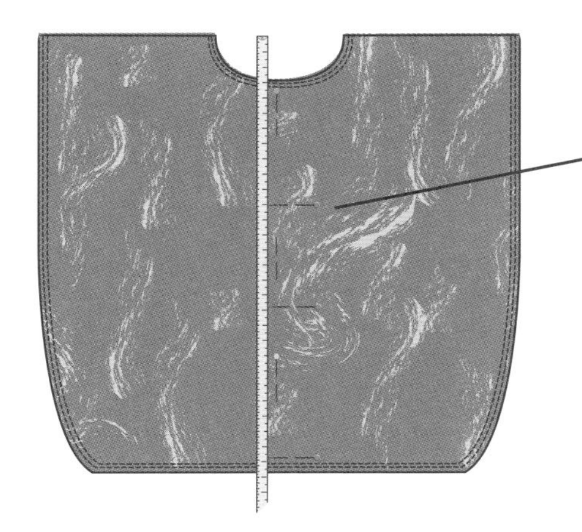

6 沿着肩缝线将衣片反面相对并对齐中心的折痕线。用珠针将两层衣片钉缝起来，并从领围中心点一直固定到前中心线的中间位置。将卷尺与肩缝线呈垂直状，并量出前中心线上珠针所钉缝的长度。沿着珠针钉缝的垂直轨迹用卷尺测出 28cm（11 英寸）的长度，用珠针横向钉缝做标记，然后用同样的方法再用卷尺测量横向珠针以下的垂直长度。把这些被珠针垂直钉缝的标记想象成一条直线水平跨越整块布料；28cm 处标记的地方设置为胸围线，底摆的标记处设置为臀围线。

7 将测量的所有水平尺寸的数据等分为 4 等份，从中心线向右测量，沿着相联系的垂直尺寸用珠针在均分后的水平尺寸上做记号。用对比强烈的缝线连接所有标记，将两层衣片沿着做记号的轨迹用手缝线缝在一起。

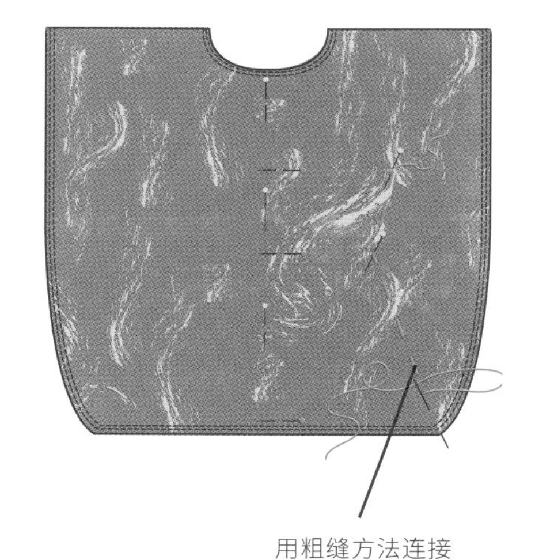

8 用同样的方法再次测量、标记和手缝左边的衣片部位，然后把所有珠针去掉。如果你想测量合适度和做修改的话，可以选择在这个步骤中完成。沿着手缝线的轨迹用缝纫机再次车缝固定，在距离底摆 8cm（3 英寸）的地方停下不缝合，然后把所有手缝标记线拆掉。

简易雪纺外套

款式变化

如果想把外套做得长一点（见79页左上图）可以通过测量你的肩膀到地面的距离（见17页）以计算出外套的长度。

雪纺是人们不常使用的一种布料，因为它的特性轻薄飘逸，难以掌控。然而，尽管这种布料较难驾驭，但通过实践还是能够运用自如。对于这种棘手的布料，最好的方法就是从一个不太复杂的款式开始尝试，例如这件上衣。有时候，一些透明的雪纺布配上色块图案或美丽的印花图案，即使是一款简单的设计也能产生一种令人惊喜的效果。想象自己披着这件漂亮的罩衫穿着泳衣踱步在异国情调的沙滩上。这款美妙飘逸的上衣的制作方法非常简单，你甚至不用去参考基础纸样的制作部分！好了，鼓起勇气，用你的双手去裁制它——一款时尚的、精致的、真正意义上的徒手裁剪时装！

说明

通常把布料的正面相对，除非有特别的说明。用熨斗把每个折叠的地方进行熨压以做出明确的折痕是非常重要的。如果没有特别说明，一般量取 1.2cm（0.5 英寸）的宽作为缝份。

所需测量尺寸

- 手肘关节之间的距离，这个距离就是宽边的长度（把你的双手展开到身体两侧呈一字型，从一只手臂的肘关节经过后背测量到另一只手臂的肘关节）
- 肩膀到你想要的衣长位置的距离
- 测量自然腰围线与膝盖之间的距离，测量时这个距离之间的中间位置可以适当松开一点，不用太贴紧身体，这就是底摆的周长。

所需布料量

宽边 =140cm ～ 152cm（55 英寸～ 60 英寸）
长边 = 肩部到底摆的长度 ×2 ＋5cm（2 英寸）

所需工具

- 布料
- 裁布专用剪刀
- 卷尺
- 布料记号笔
- 与布料颜色匹配的缝纫线
- 直尺
- 熨斗和熨衣板
- 缝纫机

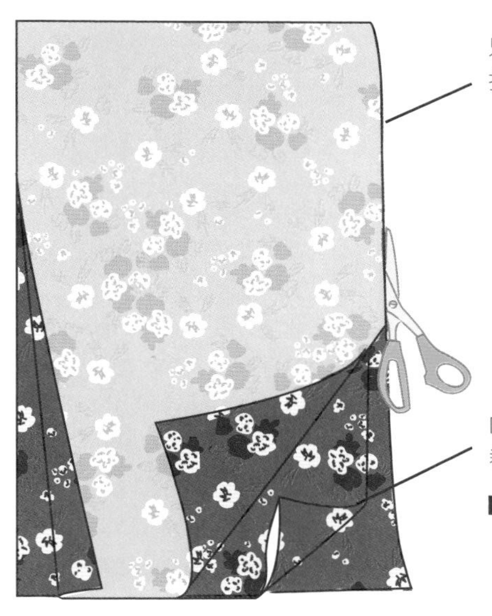

1 将剪刀放在最下面的边缘处第二次折叠的两层布料之间，并且把外面的一层布料沿着右边的折痕一直裁剪到顶端的拐点：里面的那层布料右边折痕处不裁剪。被裁剪的边是前中心线，相对前中心线的开边就是侧缝线。

2 按要求将宽边等分为 2 等份，在布料被折叠的状态下，沿着顶部边缘从前中心线出发测量，将测量出来的数据加上 2.5cm（1 英寸）后标记出来。把下摆均分 4 等份，沿着底部边缘从前中心线出发测量，将测量出来的数据加上 20cm（8 英寸）后标记出来。用一条直的斜线连接两个标记。沿着刚刚画出来的斜线裁剪所有的布料层。

前中心线

用斜线连接
标记号

沿着顶边做标记

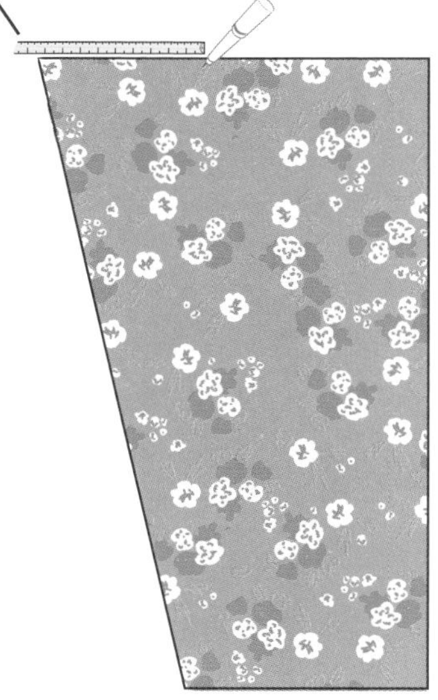

3 沿着顶边从外侧边测量 24cm（9.5 英寸）并标记出来，在布料上的标记处打个小剪口。

4 沿着顶边的折痕裁剪所有的布料层，从边缘一直裁剪到剪口处，这个部位就是袖孔。

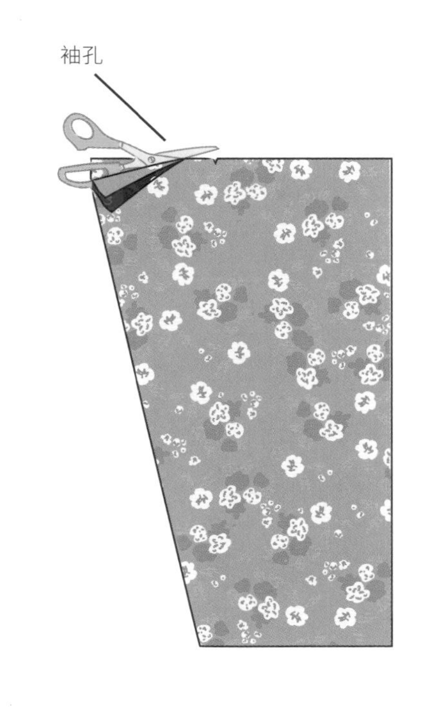

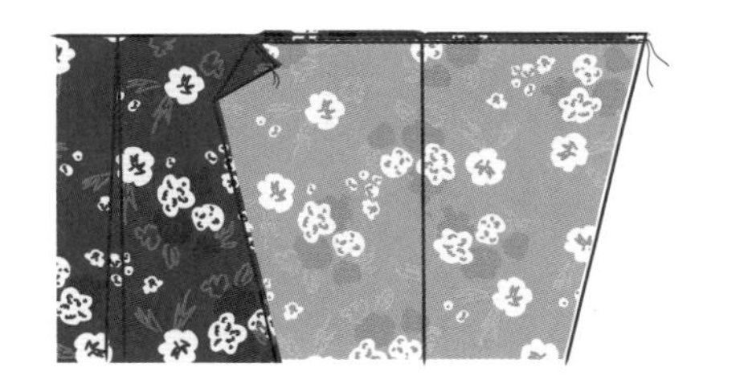

5 翻开布层。在刚才打剪口的地方将袖窿部位的布料层向另一边翻开，使所有翻折的边缘形成一条直线，并将整个袖窿用卷边机卷边（见 12 页）。

袖孔

袖孔

中心线

6 从袖窿边缘到底摆边缘的侧缝，用来去缝（见 8 页）的方式进行车缝。用卷边机对前中心线的开口边缘及上衣的底摆进行锁边。

在侧缝上用来去缝

在前中心线和较低的边缘底摆边进行锁边处理

说明

通常只需将布料的正面对折起来，除非有特殊说明。有一点非常重要，就是对折叠过的折痕进行熨烫以形成明确的折痕。一般情况下会取 1.2cm（0.5 英寸）的宽作为缝份，除非另有说明。

长后摆上衣

当你意识到夏天已经来临时，你是否还在为减肥而烦恼？因为你还没来得及想办法狂减“节日的赘肉”。好了，不用担心了，这件可爱十足的上衣将会隐藏你所有的赘肉。这件衣服将会是每个女人衣橱中，那些用作盛装打扮或便装的必备单品之一；选择不同的布料或搭配不同的饰品，你可以穿上一件自己制作的上衣，与闺蜜们一起吃午餐或者去酒吧玩乐，让你更加光彩夺目。这里说的款式也可以做一条裙子吗？与基本款长裙礼服的穿着截然不同，想象一下穿一件过膝或者及膝的前摆裙的场景，会让你显得与众不同！这件绝对是慵懒风和个性风融为一体的吸睛单品。最适合做这件衣服的布料应该是能够形成很好的垂褶效果的，例如一块粘纤布料或者一块轻薄的棉布。

所需测量尺寸

水平测量尺寸（见 16 页）

- 肩宽
- 后胸宽
- 前胸宽
- 胸围
- 臀围

垂直测量尺寸（见 17 页）

- 肩至后胸宽线
- 肩至前胸宽线
- 肩至胸围线
- 肩至前底摆
- 肩至后底摆（从后背量取）

所需样板

衣身样板（见 22 页）

所需布料量

宽边 = 肩到后底摆的长度 ×2 ＋91.5 cm（1 码）
长边（从布边到布边）= 至少肩到后底摆的长度＋25.5cm（10 英寸）
我强烈推荐使用幅宽为 140cm ～ 152 cm（55 英寸～ 60 英寸）的布料。
我将会制作这个款式的样板。
我通常会使用涤棉混纺布料来做这个，如果你喜欢你也可以用纸来做。

布料或纸制样板的尺寸：
宽边 = 臀围＋30.5cm（12 英寸）/2
长边 = 肩膀到前底摆的长度＋11.5 cm（4.5 英寸）

所需工具

- 用于制作模板的廉价涤棉布或纸
- 卷尺
- 黏合衬
- 裁布专用剪刀
- 珠针
- 尺子
- 齿边布样剪刀
- 缝纫机
- 布料记号笔
- 熨斗和熨衣板
- 与布料颜色匹配的缝纫线

1 在宽边上将样板材料对折一半，并且按压折痕，折痕就是侧缝。相对着折痕的开口一边，最上层的开口边是前中心线，最下层的开口边是后中心线。折叠布料的顶边是肩缝线，最底边是底摆线。用卷尺的始端从肩缝线位置一直沿着折叠的布边向下量取，用布料记号笔标记好垂直尺寸。在肩缝线以下 16.5cm（6.5 英寸）的位置上做标记，这个尺寸就是我们现在做的无袖上衣的袖深位置。如果你想做有袖的上衣，那就在 20cm（8 英寸）的位置上做标记。将你量取的肩部到前胸宽的长度减去 2.5cm（1 英寸），量取的肩部到后胸宽的长度加上 2.5cm（1 英寸）。

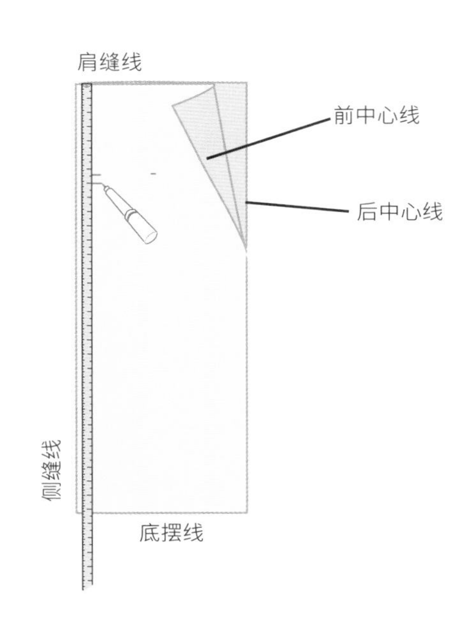

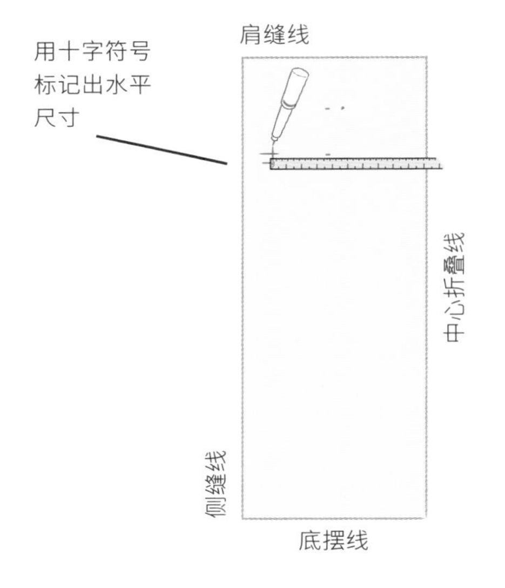

2 将这些纵向测量的标记点设想成从这些标记上横向引出直线，每条直线都有相应的水平尺寸，每条线都是从垂直标记的位置横向测量至中心折叠上。把前胸宽的尺寸等分为两半并将其中一半的尺寸加上 1.2cm（0.5 英寸），在肩线到前胸宽线的垂直线上用点来标记出上述所得的尺寸。把后胸宽线的尺寸等分 2 等份并将其中一半的尺寸加上 1.2cm（0.5 英寸），在肩线到后胸宽线的垂直线上用点来标记出上述所得的尺寸。把胸围的尺寸等分 4 等份并在其中一份的尺寸上再加上 5cm（2 英寸），沿着胸围线量取出上述所得的尺寸，并用一个小十字做标记。

3 将臀围尺寸等分 4 等份，并在其中一份的尺寸上再加上 7.5cm（3 英寸），沿着底摆线量取出上述所得的尺寸，用一个小十字符号做标记。用一条直线连接两个十字标记。

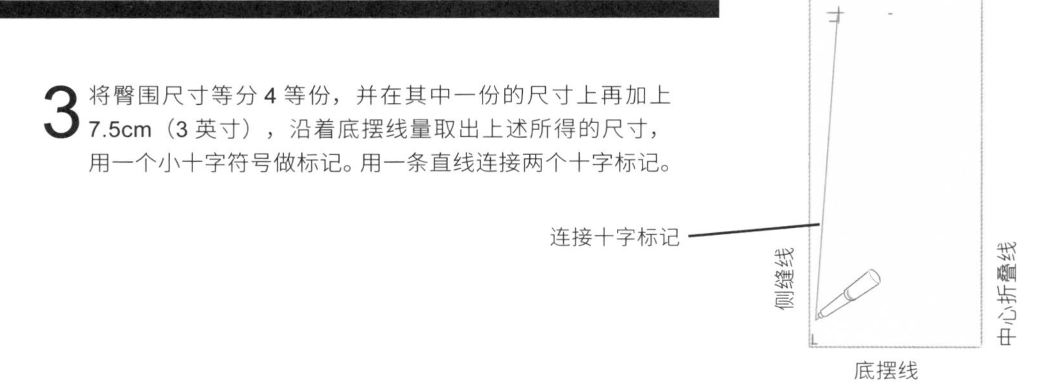

4 从中心线所在的顶边角上，沿着肩缝线量取出9cm（3.5英寸）的长度并做标记。然后把背长等分2等份，在其中一半的尺寸上再加上1.2cm（0.5英寸），并在肩缝线上量取出上述所得的尺寸。在同一个角上沿着中心对折线分别量取出5cm（2英寸）和10cm（4英寸）的长度。从肩缝线上9cm（3.5英寸）处的标记开始画出一圆弧线，圆弧线的另一端连接中心对折边上10cm（4英寸）处的标记，这就是前领口线。从肩缝线的同一个圆弧起点上重合第一弧线1.2cm（0.5英寸）后画出第二条圆弧线并连接到中心对折线上5cm（2英寸）标记所在的位置；这就是后领口线。

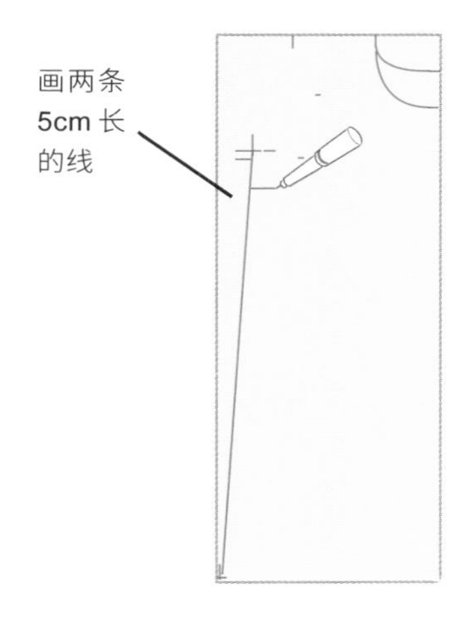

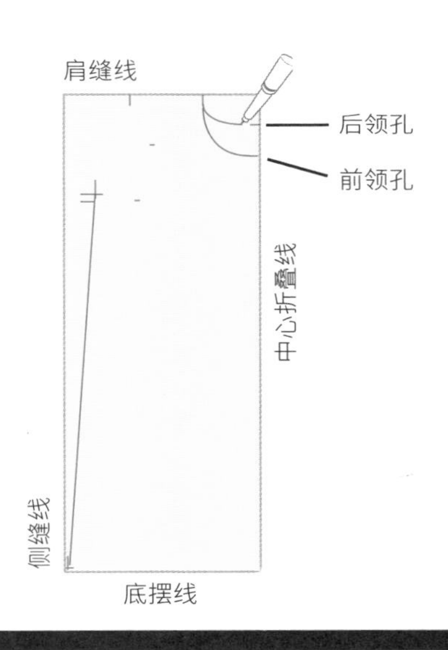

5 从胸围线的十字标记开始，朝中心对折线方向水平画出一条长5cm（2英寸）的直线。在第一条直线下方5cm（2英寸）的位置水平画出另一条长5cm（2英寸）的直线。

6 裁剪前袖窿，可以先画出一条曲线，这条曲线从肩缝线上的第二个标记开始，经过前胸宽线上的标记点，与胸围线水平方向上延伸出的5cm（2英寸）末端重合并修圆顺。对于后袖窿，画出第二条曲线，这条曲线从刚才第一条曲线的起点上开始并与第一条曲线重合3cm（1.25英寸），之后逐渐分开，经过后背宽上的记号点并与较低处的5cm直线末端合并并修圆顺。想创建肩斜，就要在袖窿线起始点向下量取并标记2cm（0.75英寸）的长度。从那个标记开始画出一条与领口线顶端边缘相接的对角线。

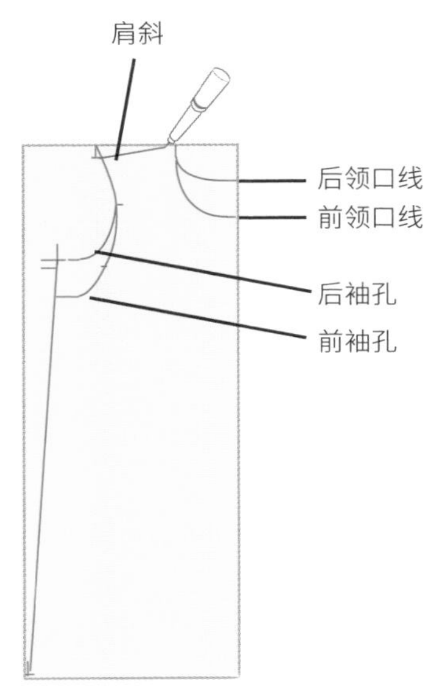

7 从中心对折线上最顶端的角开始沿着中心对折线向下量取，在肩部一直到前下摆的总长再加上 2.5cm（1 英寸）的位置上做标记。从这个标记画出一条曲线，一直连到距离下摆侧缝 1.2cm（0.5 英寸）的地方。

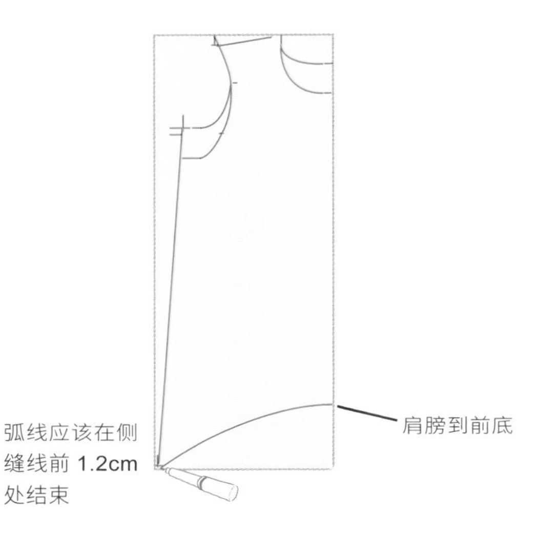

弧线应该在侧缝线前 1.2cm 处结束

8 沿着所画的线条裁剪所有的布层，但需要确保只能沿着袖窿和领口外的标记进行裁剪。从前衣片纸样上将后袖窿剩余的部分转接到后衣片上，然后裁剪出来。接着裁剪出更深的前领孔和前袖窿剩余的部分。

9 这件衣服只有侧胸省。在前片模板上，从胸围线与侧缝线的相交点上沿着侧缝线向下测量 10cm（4 英寸）并做记号，标记点为 A。从肩缝线上的顶点出发，在距离前中心线边缘 10cm（14 英寸）的位置标记出肩线到胸围线的尺寸，标记点为 B。将 A、B 这两个标记连线并沿着这条线把布料向下折叠，用熨斗按压折痕。

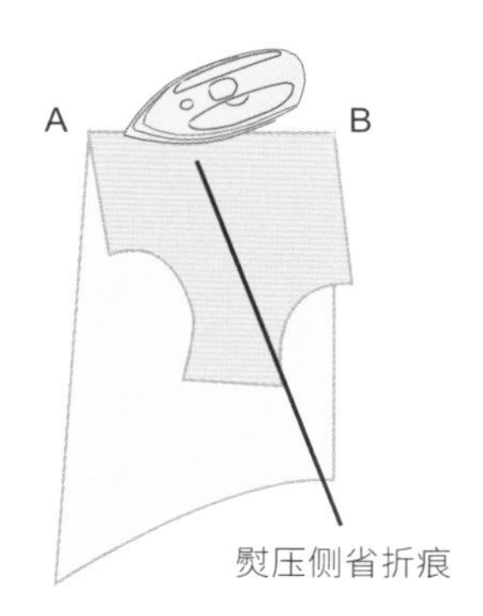

熨压侧省折痕

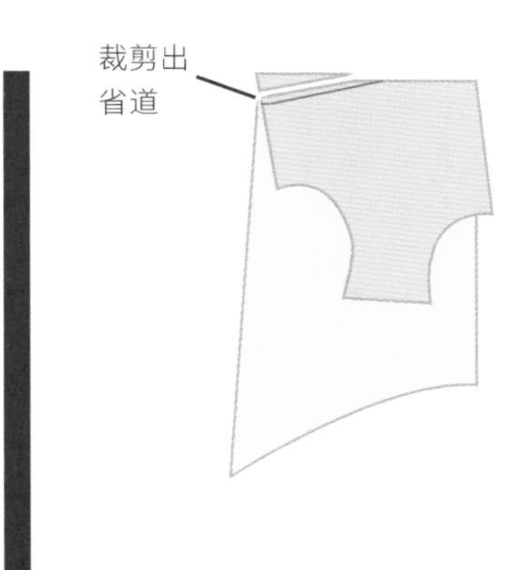

10 在沿着折叠线折叠模板的情况下标记出省道。从对折的位置开始，沿着侧缝线向下量取 3cm（1.25 英寸），接着在 3cm 的末端画出一条长 14cm（5.5 英寸）的斜线与折叠线相交。然后将省道剪出来。可以画出一条平行于所画斜线的直线，这条直线向折叠线方向靠近，并与斜线相距 1cm（0.375 英寸），接着沿着这条新的斜线裁剪掉省道。你将会看到两条平行斜线之间相隔 1cm（0.375 英寸）的距离，这便是缝份。

11 现在你可以根据画出来的纸样模板将服装的各部分在布料上裁出来。将臀围的尺寸加上 30.5cm（12 英寸）后等分 2 等份，然后在布料的边缘上量出等分 2 等份后的长度，剪开布料。以长边为参考，沿着长边对折裁剪出来的布料，为了使纸样模板与布料能够充分贴近，将前片模板用珠针固定在布料上，把纸样模板前中心线的边缘与布料对折的边对齐。沿着纸样模板的外围裁剪出裁片，把省道也裁出来。

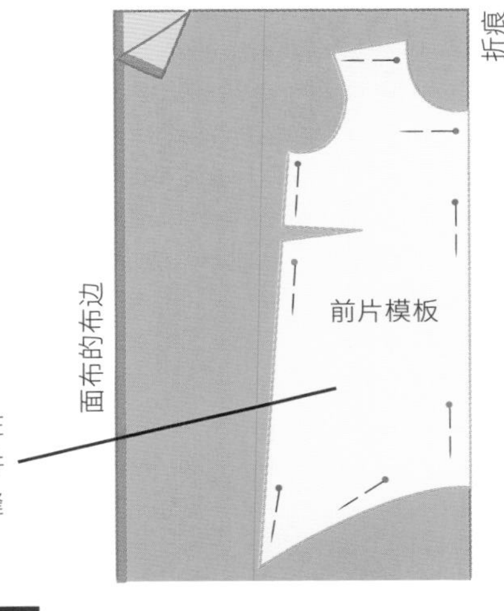

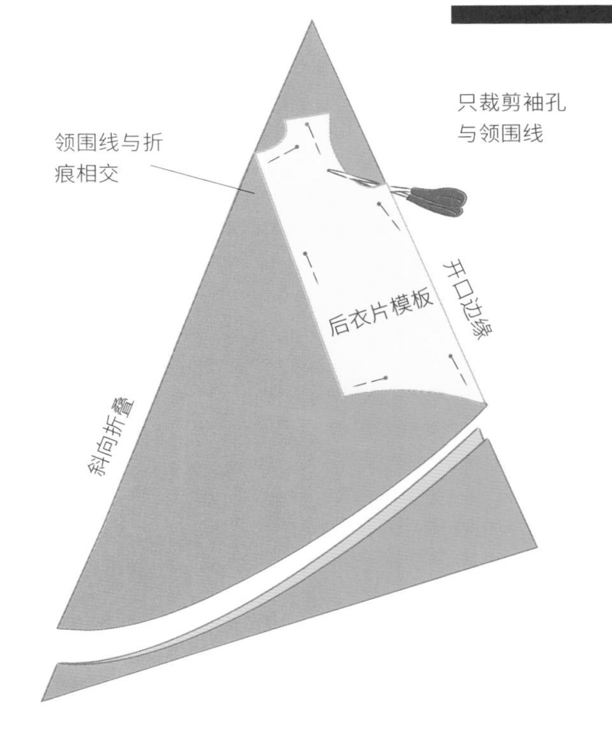

12 将剩下的布料铺平，裁剪过的布层边缘与布边对齐，这会形成一个斜裁的折叠方式。将后衣片纸样模板尽量向尖角的位置靠拢，并且是最省布料、最适合放置的位置，这个最佳摆放位置应该使侧缝与开口的边缘对齐，同时又满足领围线的中心对折点能够位于对折线上。用珠针固定在对应的位置上。

从肩缝线的最高点出发，沿着对角线的对折边测量出肩到后背底摆的长度。如图所示，从侧缝线与底摆相交的位置处画出一个圆弧，这个圆弧的末端能够到达中心对折线上的标记处。沿着所画的弧线裁剪，接着裁剪袖窿、肩线、领口线等多处位置。

13 这件衣服的领口和袖窿都要加贴边，贴边的一片是与前衣片相缝合的，一片是与后衣片相缝合的。制作前贴边，需要在前衣片模板上测量并标记出前领口线的中心点，在前中心线上向下 6.25cm（2.5 英寸）的位置，以及在侧缝线上测量并标记出胸围线向下 6.25cm（2.5 英寸）的位置。将纸样模板放置在折叠的布料上，把前中心线边缘放在布料对折的边缘上。在前中心线折叠边 6.25cm（2.5 英寸）的位置对布料打个剪口，然后沿着领口、肩缝线、袖窿线裁剪，裁剪到侧缝线上 6.25cm（2.5 英寸）位置处的标记。

14 拿起纸样模板，如图所示裁剪出一条弧线，两条侧缝上的剪口与剪口对齐。用同样的方法制作出后衣片的领口贴边。

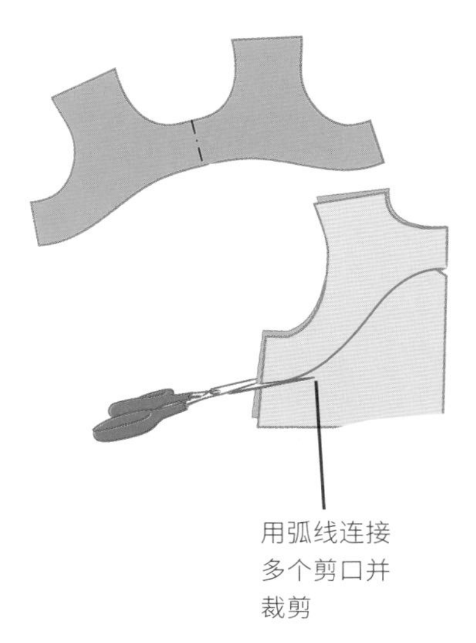

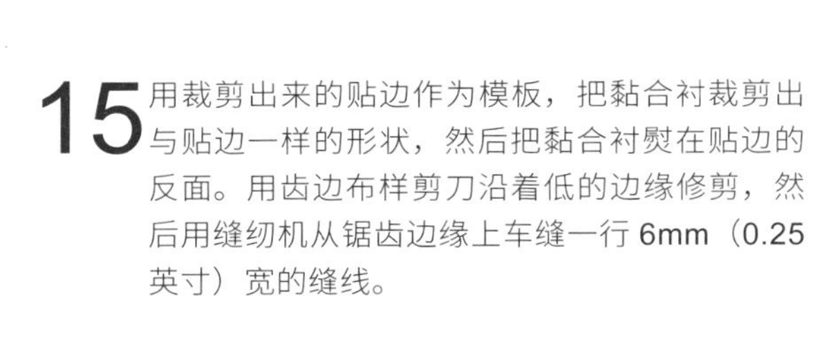

15 用裁剪出来的贴边作为模板，把黏合衬裁剪出与贴边一样的形状，然后把黏合衬熨在贴边的反面。用齿边布样剪刀沿着低的边缘修剪，然后用缝纫机从锯齿边缘上车缝一行 6mm（0.25 英寸）宽的缝线。

16 在前衣片上车缝侧缝省，省边缝份为 1cm（0.375 英寸）。

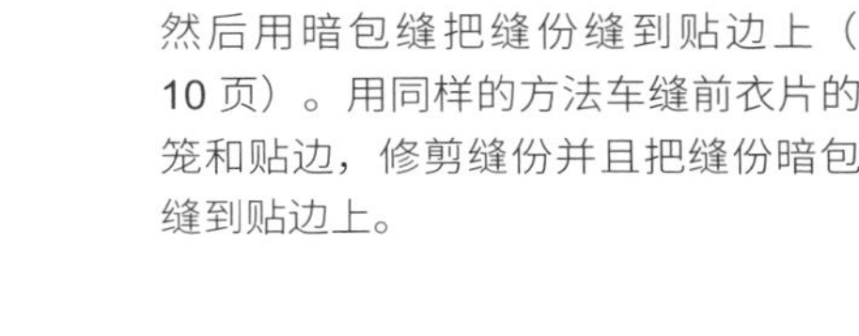

17 将裁片的正面相对，把前贴片放在前衣片上，缝合领口线。将领口车缝一圈后，对领口边缘的缝份进行修剪（见 10 页），然后用暗包缝把缝份缝到贴边上（见 10 页）。用同样的方法车缝前衣片的袖笼和贴边，修剪缝份并且把缝份暗包缝缝到贴边上。

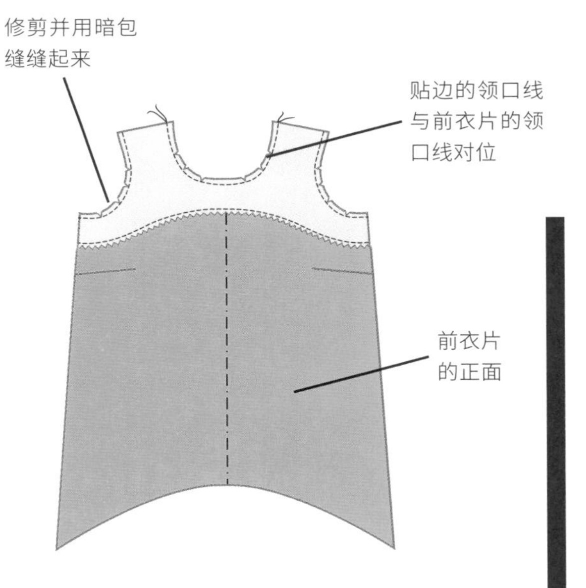

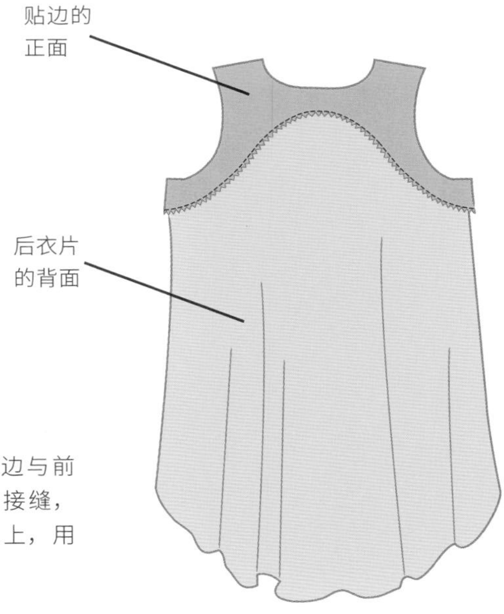

18 把贴边翻出来，这样贴边与前衣片的背面相对，熨压接缝，把后贴边缝合到后衣片上，用同样的方法翻出来。

19 将裁片的正面相对，然后把前衣片放在后衣片上。拿起贴边，这样便能够让贴边在侧缝上是正面相对的，小心翼翼地把前衣片和后衣片上的袖窿的贴边缝线对齐。从贴边的锯齿边缘开始，缝合侧缝直到衣服的下摆为止。

把贴边拿起来并开始车缝这里

20 在缝合肩缝前，可以用珠针固定裁片，然后试穿一下是否合适。我发现如果这件衣服做成无袖的版本，将会是人们的首选。我喜欢把袖窿提得相当高，但是其他人或许喜欢它低一点。如果你发现肩膀上的缝份超过 1.2cm（0.5 英寸），那么根据尺寸将其进行修短。把前衣片的肩及贴边塞进后衣片的肩和贴边里面。将肩缝线缝合，然后把上衣的正面翻出来。

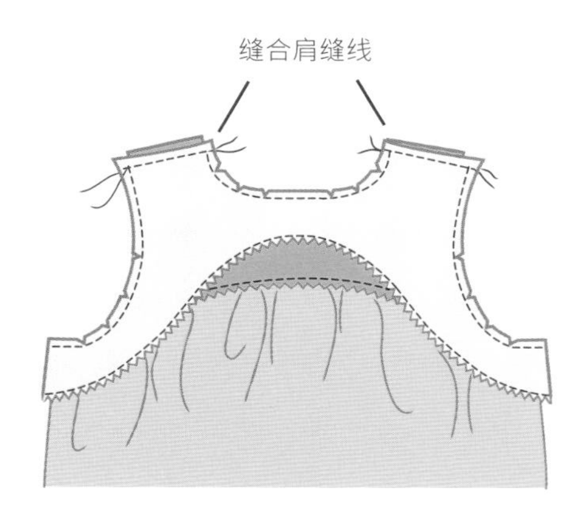

21 用卷边机对底摆进行卷边（见 12 页）。

款式变化

我也做了一件长袖的高低裙，这次我用了一块垂褶做得更好的布料。按照步骤 1 中的袖子变化来做，用袖子的纸样样板可以做出长及手腕的合体盖肩袖。你可以根据喜好把肩膀到前底摆的长度与肩膀到后底摆的长度做得再长点或再短点。在这里，穿着这件衣服坐下时前衣片的长度刚好在膝盖上一点，而后衣片的长度更长。

箱形上衣

说明

通常只需将布料的正面对折起来，除非有特殊说明。有一点非常重要，就是对折叠过的折痕进行熨烫以形成明确的折痕。一般情况下会取 1.2cm（0.5 英寸）的宽作为缝份，除非另有说明。

所需测量尺寸

水平测量尺寸（见 16 页）

- 肩宽
- 前胸宽
- 后胸宽
- 胸围
- 下胸围
- 腰围
- 臀围

垂直测量尺寸（见 17 页）

- 肩至前胸宽线
- 肩至后胸宽线
- 肩至胸围线
- 肩至下胸围线
- 肩至腰围线
- 肩至底摆线
- 腋下长

其他测量尺寸（见 17 页）

- 乳间距
- 袖长
- 臂围

所需样板

连衣裙样板（见 32 页）
袖子样板（见 54 页）

所需布料量

衣身所需布料

面布和里布的宽边 = 臀围尺寸 +35cm（14 英寸）
长边 = 肩部到臀部的长度 +4cm（1.5 英寸）

袖子所需布料

面布和里布的宽边 = 臂围 ×2 ＋5 厘米（2 英寸）
长边 = 袖长＋4 厘米（1.5 英寸）

所需工具

- 面布
- 里布
- 隐形拉链（见 13 页）
- 与布料颜色匹配的缝纫线
- 裁布专用剪刀
- 直尺
- 卷尺
- 熨斗和熨烫板
- 布料记号笔
- 缝纫机
- 手缝针

箱形上衣是一件值得拥有的服装，因为它能够掩饰身材缺陷，并且不受潮流趋势的影响，能够经受时间的考验。我喜欢这个款式的多样性，你可以把它做成休闲的或者非常时髦的，从上班到晚上约会的不同场合都能穿着，仅仅需要做稍微调整就可以了。它非常容易穿着，而且使人看上去轻松潇洒。对布料的选用将会直接影响出来的效果，但是如果你真的想要做出箱形的效果，那么还是选择一些例如提花织物等较硬挺的布料吧，因为它不仅能做出一个箱形的效果，而且能够成为你衣柜中一件独特的单品。这个款式可以做成任何的长度，从露腹的短上衣到连衣裙都可以，虽然你需要用到连衣裙基本样板，但是你可以根据需要将其裁短。袖子的长度也可以根据你的需要去选择，所以同理，也可以裁短袖子。

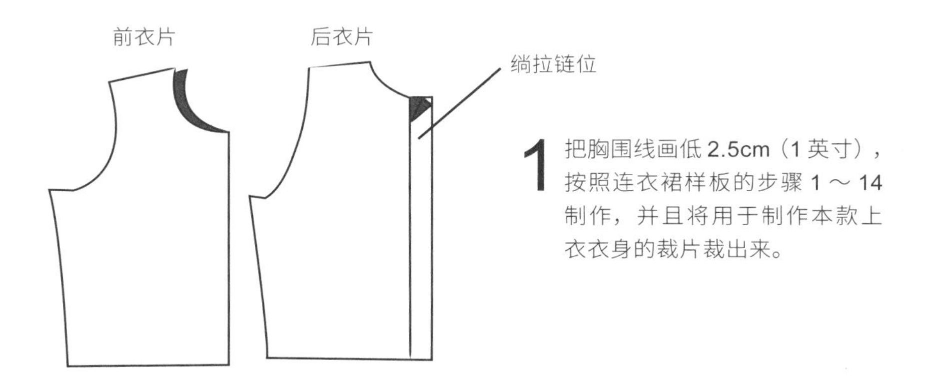

1 把胸围线画低 2.5cm（1 英寸），按照连衣裙样板的步骤 1 ～ 14 制作，并且将用于制作本款上衣衣身的裁片裁出来。

2 沿着宽边将里布对折一半。沿着相对的一边折叠并按压出一条 2cm（1 英寸）宽的绱拉链位布条，再次将两层布料一起翻折出绱拉链位。把翻折后的后片拉链折叠布条放在后衣片里布上，并且将其作为一个模板裁剪出两片后片里布。将里布简单对折，把前中心线对折好的前片面布放在里布上，然后用对折好的面布作为一个模板裁剪出前衣片的里布。

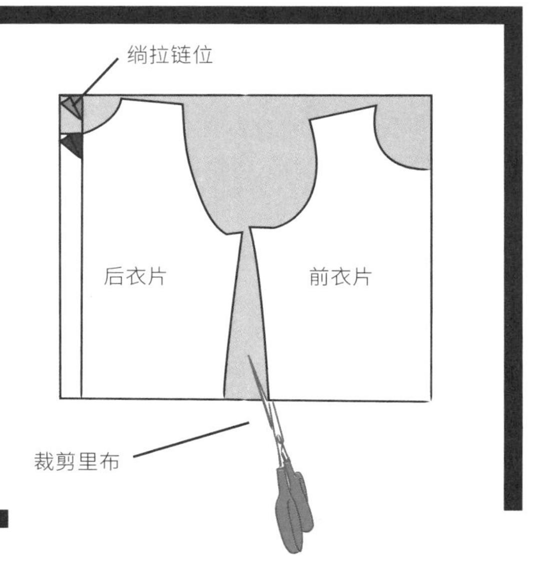

3 按照连衣裙样板的做省方法对胸侧省做处理，其他省的制作则忽略。在面布与前里布片上分别做出胸侧省。

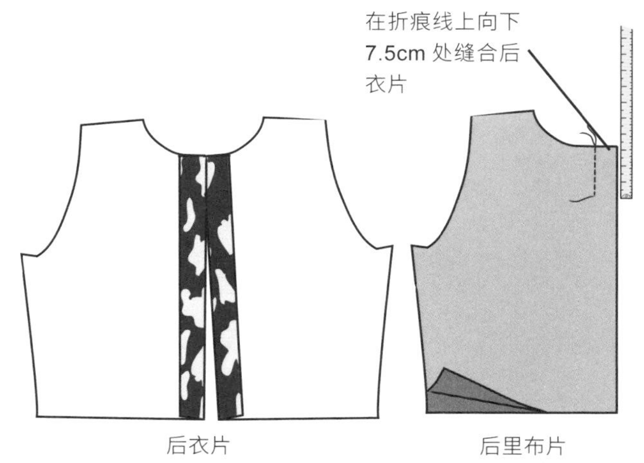

4 从其中一块后衣片的领围边缘出发，在绱拉链位的折叠处向下量取 7.5cm（3 英寸）并做标记。将正面相对，沿着对折线把两块后衣片车缝在一起，从领子边缘开始，一直车缝到 7.5cm（3 英寸）的记号点为止。做后衣片的里布也是按照这个步骤。

5 在后衣片面布的开口处插入一条隐形拉链（见 13 页），插入时把拉链的头尾位置上下调换，因为拉链头会在拉链闭合时返回到布料最底部的边缘处。把布料正面相对，使已经缝合的后衣片里布位于面布的背面上。打开各布层的绱拉链位，调整折叠的布条位置，把折叠的里布放在带有拉链齿条的下方。

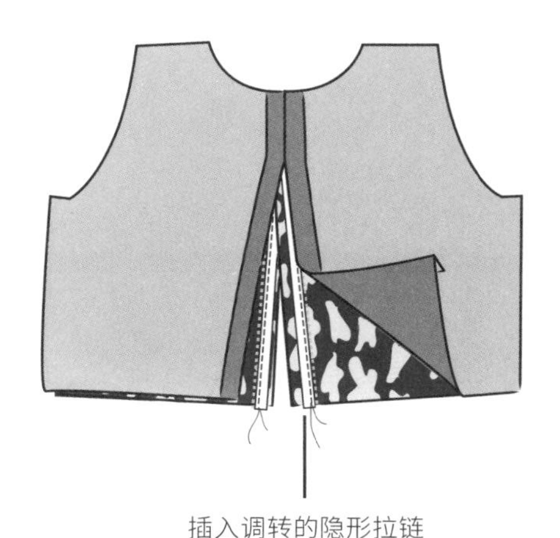

插入调转的隐形拉链

沿着折边车缝

6 沿着折叠线从底摆一直车缝到拉链的止点位置。接着在拉链所在的里布和面布上再次车缝行线以做固定。

7 在面料与里料正面相对的情况下将拉链位置所在的下底摆缝合。将拉链末梢的角进行修剪以减少布料的堆积，这样的话当把布料正面翻转过来后，便能形成一个齐整的角。

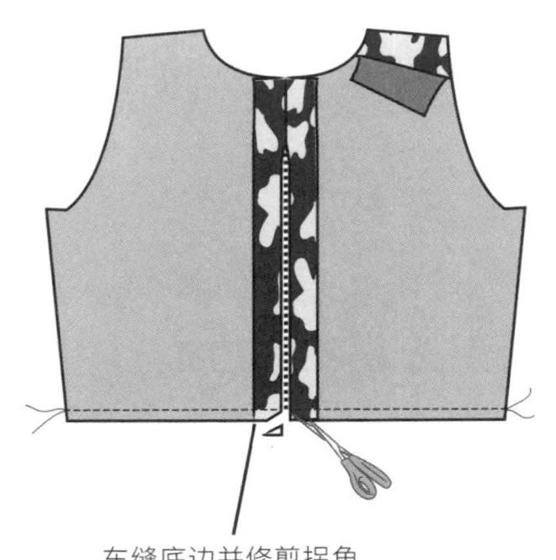

车缝底边并修剪拐角

8 把领围线周围一圈的面布与里布缝合起来，接着修剪领口边缘的缝份（见 10 页）。沿着底摆和领口边用暗包缝（见 10 页）将修剪后的缝份边缘与里布缝合。然后将后衣片的正面翻出来，把底部的衣角小心地拉出来，使衣角整齐、方正。

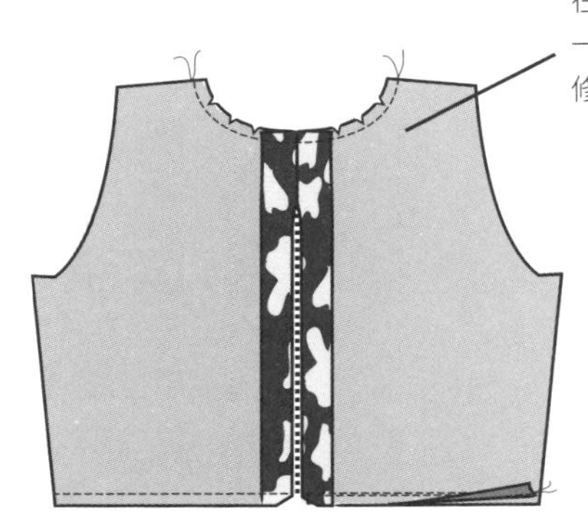

9 将布料正面相对，把前里布片置于前面布片之上。沿着领口、底摆车缝一圈，然后修剪领口曲线。沿着领口线与底摆用暗包缝将缝份与里布缝合，并把布料的前衣片正面翻出来。

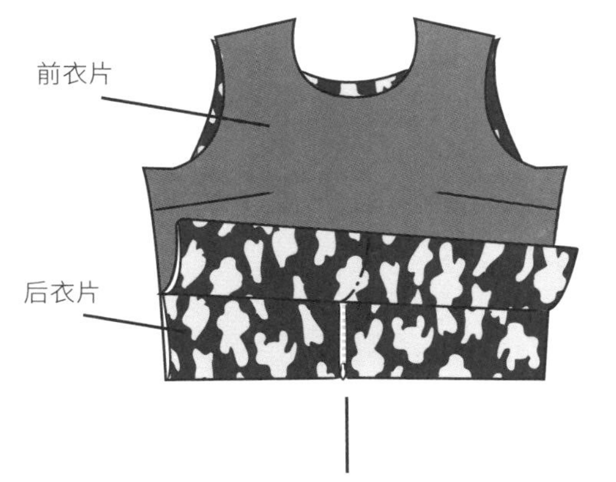

10 将布料正面相对，把前衣片放在后衣片上，前衣片的中心线折痕与后衣片的拉链缝线对齐。然后缝合面布的侧缝线（不缝合里布侧缝）。

11 把面布的里面翻过来，这样里布的正面便能够连在一起。把里布的侧缝缝合在一起，在其中一条侧缝上留出一个12.5cm（5英寸）长的缝隙不缝合，主要是为了装上袖子后能把上衣的正面翻转过来。

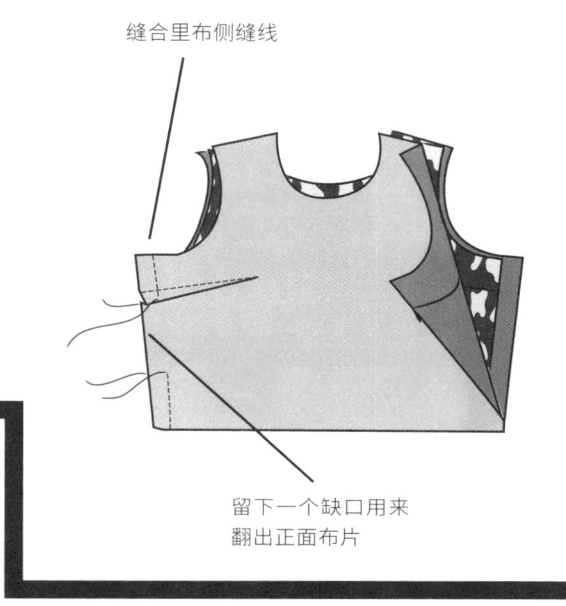

12 将面布和里布的肩缝一起缝合。修剪面布和里布缝合后的接缝位置，以减少布料的堆积。

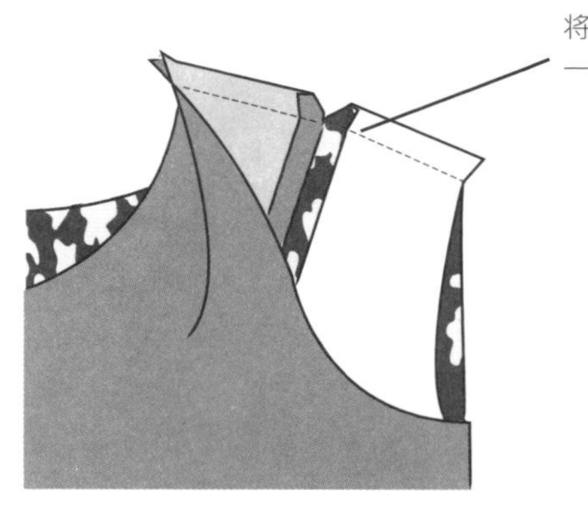

13 从里布中将上衣的面布从侧缝的缝隙里拉出来，使得上衣的面布和里布都反面朝外，然后将其放在一旁。

14 按照制作合体盖肩袖的步骤说明，分别裁剪出一对面布和一对里布的袖子裁片。缝合和装袖，里布袖片与里布的衣身缝合，面布袖片与面布的衣身缝合，参考 58 ～ 59 页的说明制作。

时尚的面布袖片

里布袖片

15 在布料的反面，将里布的袖子根部与面布的袖子根部缝合在一起。

款式变化

第二个版本（见 99 页）没有那么箱形，休闲的味道会更多一点。这个版本的袖子更短，衣身比较长，而且我用了一块漂亮的印花棉布来做。

16 将衣服的正面通过里布中的那条缝隙拉出来，然后把里布上的那条缝隙用暗针缝合好。

说明

通常只需将布料的正面对折起来，除非有特殊说明。有一点非常重要，就是对折叠过的折痕进行熨烫以形成明确的折痕。一般情况下缝份取 1.2cm（0.5 英寸）的宽，除非另有说明。

双圆裙

所需测量尺寸

水平测量尺寸（见 17 页）

- 腰围
- 臀围

垂直测量尺寸（见 17 页）

- 腰围线到臀围线
- 裙长（肩至底摆线的长度减去肩至腰围线的长度）

其他测量尺寸

第一半径长度 =（腰围 /3.14）/4 ＋6mm（0.25 英寸）

第二半径长度 = 第一半径长度 ＋裙长

所需样板

面裙参照喇叭裙样板（见 46 页）；

里裙参照半裙样板（见 40 页）

所需布料量

面布

宽边 = 第二半径长度 ×4 ＋12.5cm（5 英寸）

长边 = 第二半径长度 ×2 ＋10cm（4 英寸）

里布

宽边 = 臀围尺寸＋35.5cm（14 英寸）

长边 = 腰围到底摆的长度－2.5cm（1 英寸）

所需工具

- 面布
- 里布
- 可熨烫帆布黏合衬
- 隐形拉链（见 13 页）
- 与布料颜色匹配的缝线
- 裁布专用剪刀
- 卷尺
- 熨斗和熨烫板
- 布料记号笔
- 缝纫机
- 珠针

我喜欢高腰的长裙，因为穿上这种裙子后人的腰围看上去要比实际的小，因此适合任何体形的人穿着。穿长裙的关键在于能否凸显你的曼妙身姿。如果你像我一样是下半身较为丰满的体形，那么就选择类似这个款式的喇叭裙板型，它会让你更加惊艳。这种裙子非常百搭，值得每位女士收藏入袋。这条裙子采用什么布料完全取决于你。若想造型柔和飘逸，可以使用一些容易做出垂褶效果的布料，如真丝、雪纺和绉纱；若想造型性感立体，可以通过使用一些较硬挺的布料，如棉布或棉类织物可以完美呈现；若想要造型夸张、增加戏剧效果，那么选用漂亮的提花织物就能做出一条效果极佳的裙子，再搭配上一件可爱的上衣，穿着它们去参加任何派对都适用。这条裙子不需要用任何腰带做修饰，因为我认为这样反而更加具有时尚感。

1 为了做面裙，沿着宽边将面布对折一半并摊平，抚平所有褶皱。然后沿着折叠线裁开。

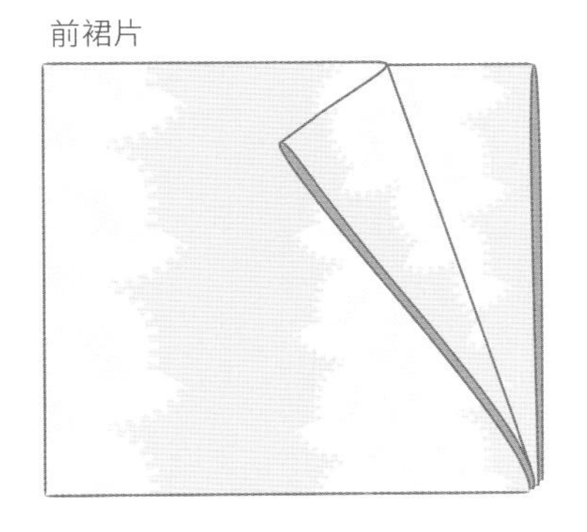

2 沿着宽边将其中一层布料对折一半，然后再沿着长边对折一半，这就是前裙片。另一块布料也沿着宽边对折一半。沿着折叠的边缘翻折 2.5cm（1 英寸）宽的绱拉链位并按压，接着将两层布料一起沿着这个折痕翻折。

绱拉链位

后裙片

3 沿着长边将这块布折叠一半，这就是后裙片。

4 把折叠好的后裙片铺放在折叠好的前裙片上，确保每片裙片折叠边上的角都能够相互重叠、对齐不散开。在做标记和裁剪时，如果你希望那些布层不向周围滑动，那么就用珠针固定。把卷尺的始端放在折叠线的布角上，以布角为中心点旋转，用记号笔标记第一半径的长度，接着标记第二半径的长度。沿着标记好的弧线裁剪所有的布层。

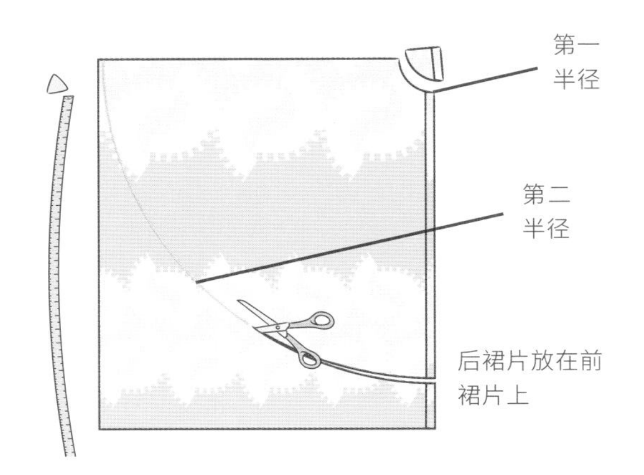

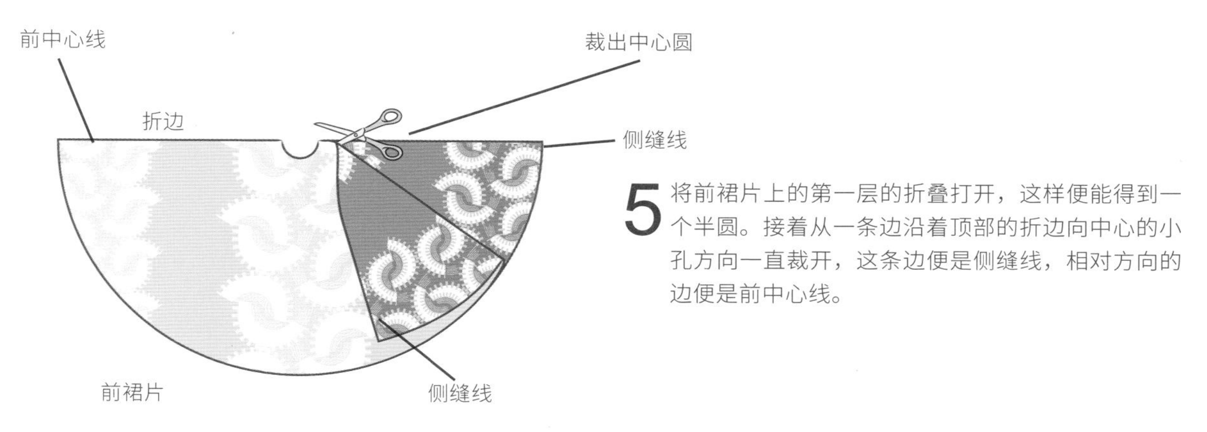

5 将前裙片上的第一层的折叠打开，这样便能得到一个半圆。接着从一条边沿着顶部的折边向中心的小孔方向一直裁开，这条边便是侧缝线，相对方向的边便是前中心线。

6 将后半裙布片的第一个折叠布层打开，你便能获得一个半圆。在中心孔的其中一边上将折叠的绱拉链位缝份裁掉，这条边就是侧缝线。在中心孔相对的另一条边上，沿着绱拉链位裁开折叠线，这条边就是后中心线。现在你有两块裙后片了。

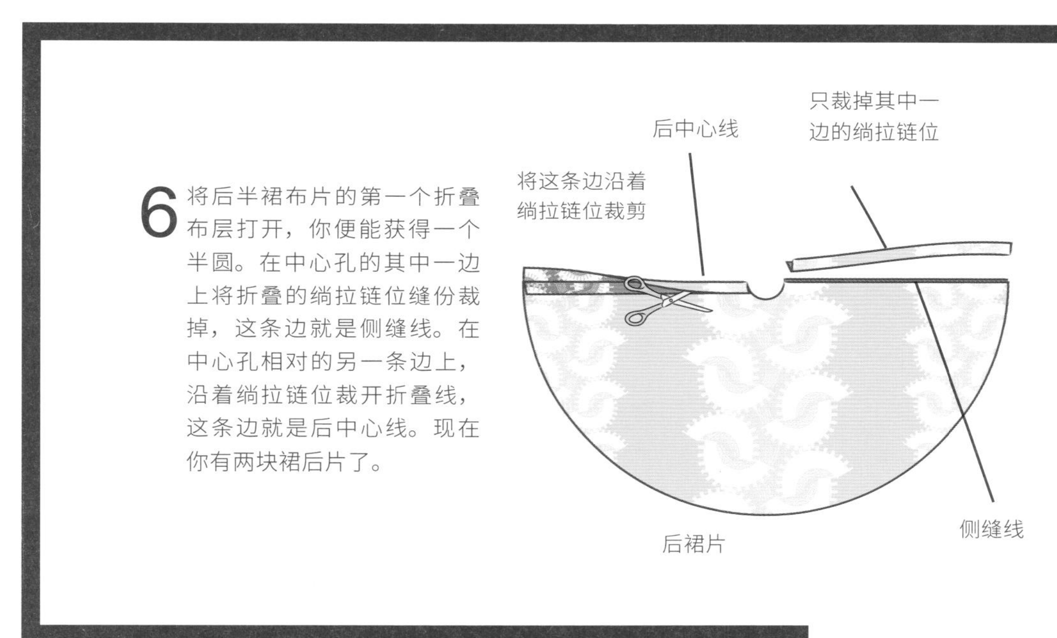

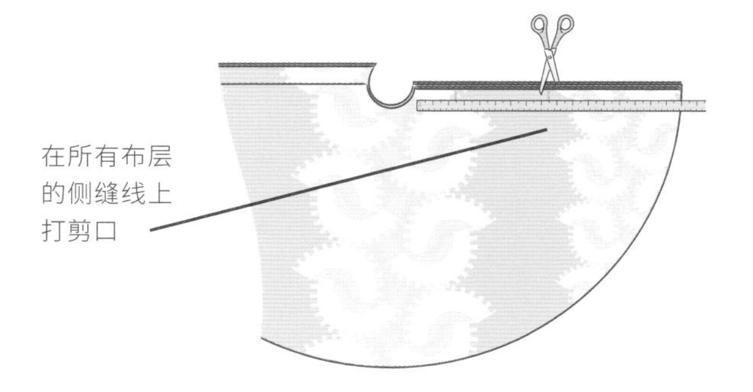

7 将两块后裙片正面相对，依然保持为一个半圆，把折叠好的半圆前裙片放在上面，对齐前中心线和后中心线。从中心孔到侧缝线上量取6.5cm（2.5英寸）和21.5cm（8.5英寸）的长度并做记号。用一把小剪刀在这些记号上打剪口，剪口长度不要超过1cm（0.375英寸）。这些记号标记的就是你安装口袋的地方。把前裙片和后裙片都放在一旁。

8 开始处理裙里布，按照 42 ～ 44 页半裙样板的步骤 1 ～ 7 制作，但是当标记底摆的水平尺寸时，需要标记出和臀围一样的尺寸。为了确保里布缝合后不会因为太紧而导致难以行走，但是又仍然能符合腰部和臀部的围度大小，这样才能使半裙能够在一个地方固定好、不松动。裁剪所有布片，你将得到一块对折了一半的前裙片和两块后裙片。

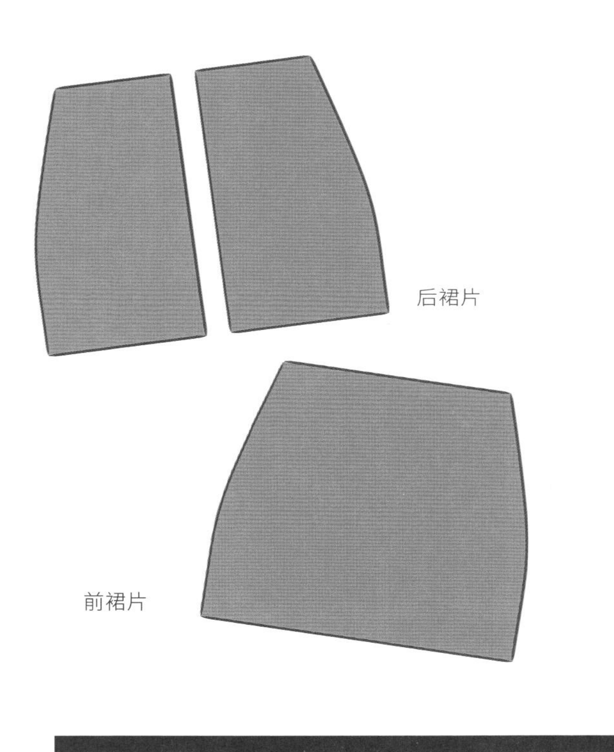

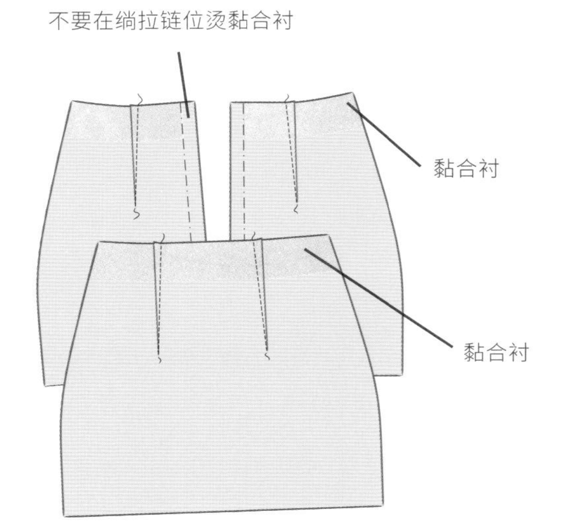

9 按照腰部轮廓将可熨烫帆布衬裁成 7.5cm（3 英寸）深，与里布裁片腰部一样宽的长条。将黏合衬熨在里布的反面，在绱拉链位置留出空白，不要烫黏合衬，然后修剪侧缝边缘多余的黏合衬。标记并车缝裙省，参照44～45页所讲的半裙样板步骤8～11的做法。

10 将裙片正面相对，把前中心线对齐，从中心向外出发，用珠针固定腰部位置的前里布和前外裙片。当裙子展开时不用担心面裙的腰围线比里裙大很多，多余的布将会隐藏在侧缝处。车缝并留下 6mm（0.25 英寸）的缝份。把缝份用暗包缝缝到里布中。

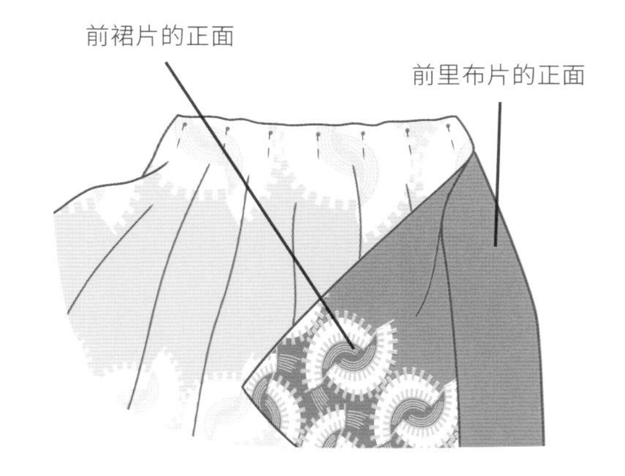

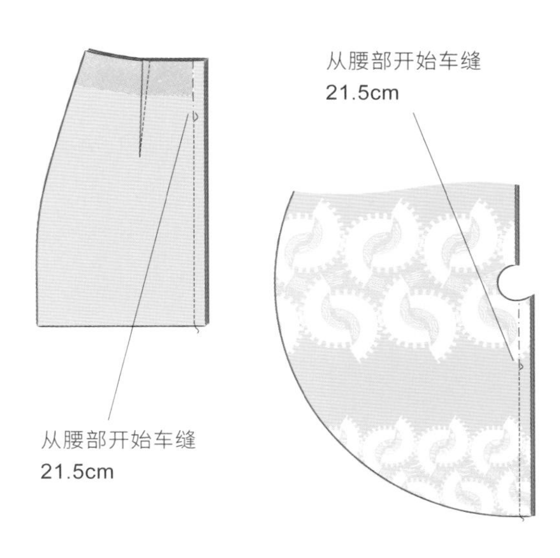

11 沿着后中心线边缘将后裙片的两块里布正面相对，用珠针钉缝在一起。沿着绱拉链折叠位，从腰线边缘向下量取21.5cm（8.5英寸）的长度。再沿着绱拉链折叠位，将两块后里布一起车缝，从这个点一直车缝到底摆。后外裙片也按照这个方法车缝。

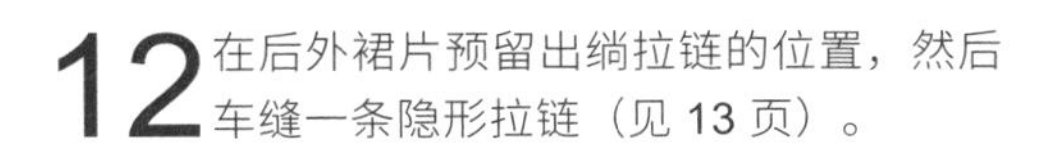

12 在后外裙片预留出绱拉链的位置，然后车缝一条隐形拉链（见13页）。

13 将后里布放在外裙片上并把布片正面相对，确保里布的拉链缝份折叠位置于链齿上方；拉链必须夹在后外裙片和后里布之间。在拉链缝份的折叠位置背后，车缝一道3mm（0.125英寸）长的缝线。

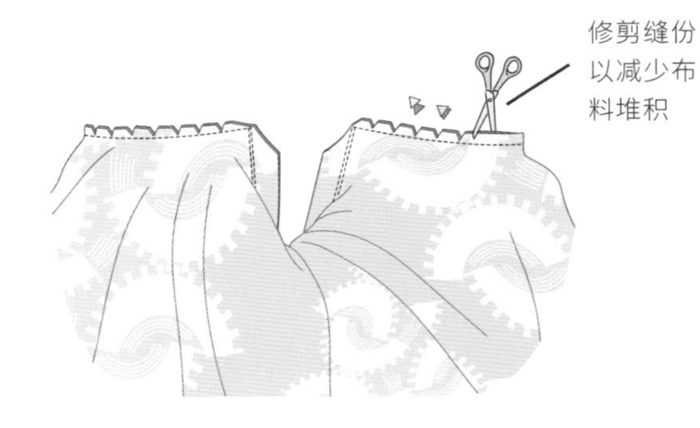

14 可以参考步骤10，将后衬布黏合在外裙片的腰部位置。为了减少面料的堆积，在拉链两侧的对角方向上修剪里布与外裙的缝份。将接缝用暗包缝藏进里布里面，然后把衣服的正面翻出来。

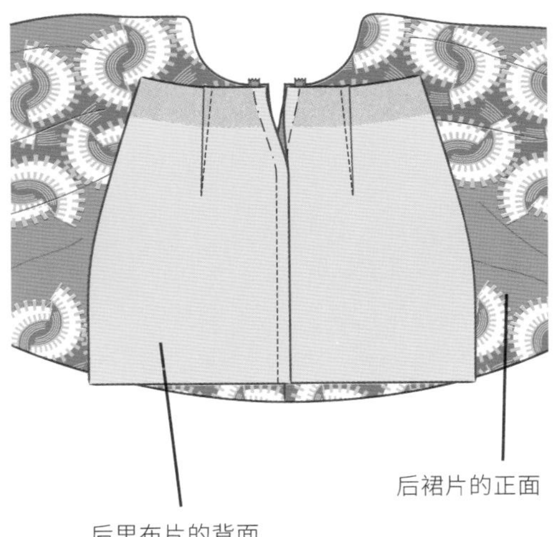

制作斜插袋

15 斜插袋其实是一件非常容易制作的部件。还记得我们在步骤 10 里两边的侧缝上分别做 15cm（6 英寸）的剪口吗？那个就是你裙子口袋的袋口宽度。可以用制作外裙剩下来的布料制作这些口袋。把四层布叠放在一起（两层为一组，正面相对），按着直线的那条边对齐。沿着直线边，分别从袋口上下两个位置测量和标记出 1.2cm（0.5 英寸）和 15cm（6 英寸）长的水平直线。 然后画出一个鸡蛋的形状并且向记号位置倾斜。在裁剪出口袋之前，一定要把你的手掌放进那个鸡蛋形状里测试是否有足够的空间：确保口袋的大小不少于你的手掌外围再加上 1.2cm（0.5 英寸）的缝份量。

把四块面布的布片重叠放置

在布片上沿着你的手掌画圈，确保这个口袋有足够大的空间放东西

16 将口袋裁片分成两组，保持正面相对。将其中一组的一块口袋裁片放在前外裙片正面相对的侧缝线上，位于剪口记号之间并车缝。把接缝用暗包缝缝进口袋上。用同样的方法将同一组的另一块口袋裁片与后外裙片连接起来。然后把另一组的口袋裁片按上述方法分别与另一边的前后外裙片相缝合。

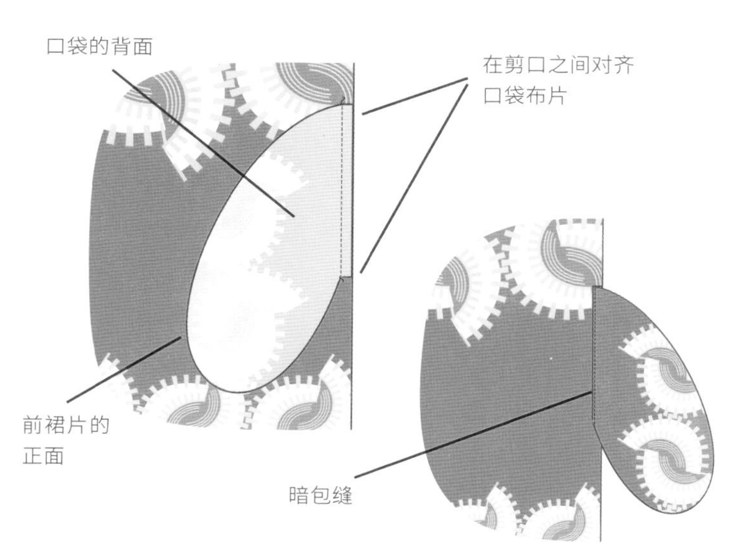

款式变化

你可以把这条裙子做成任何你想要的长度。本书第 101 页所展示的样板长度刚好到膝盖的位置。如果用一块经典的黑色布料制作，这条裙子将会成为你衣橱中很棒的一件单品。

缝合侧缝

17 现在准备缝合侧缝。先将外裙片折叠起来放到一边，再把前后裙的里布互相叠放，正面相对，确保所有裁片都要铺平。用珠针在腰线、臀围线以及底摆水平处固定帮助定形。从中心折线处开始测量，沿着腰围线均分 4 等份。臀围线和底摆水平线也重复相同的步骤均分，然后用曲线连接这些标记。把其中一边的缝份线重复到另一边并缝合接缝。

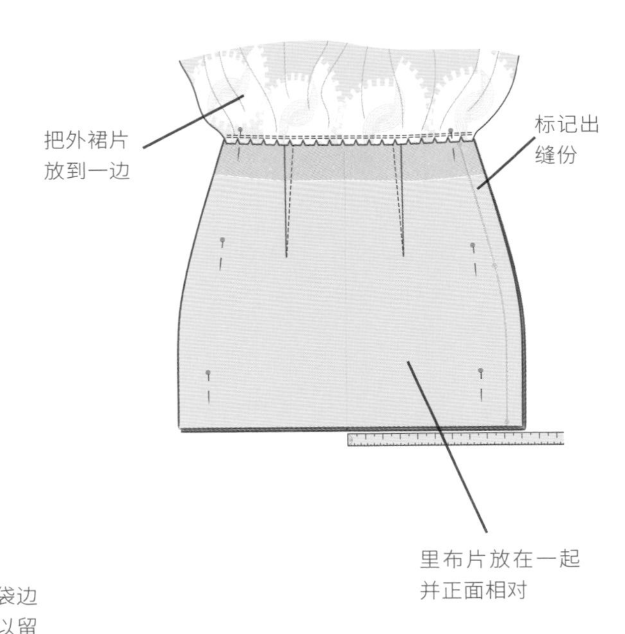

18 外裙片正面相对放在一起。从里布的腰围线开始车缝并慢慢缝进口袋 1.2cm（0.5 英寸）的标记处。围绕口袋外形车缝一周，然后保持匀速一直向下车缝到底摆边，缝份始终保持着 1.2cm（0.5 英寸）的宽不变。在另一边重复相同的步骤。

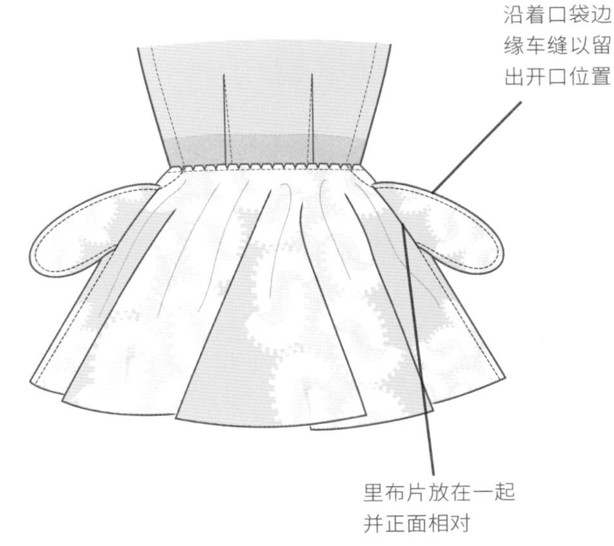

19 把裙子挂放 24 小时，然后给裙摆和里布边缘做包边处理。

铅笔裙

所需测量尺寸

水平测量尺寸（见 17 页）

- 腰围
- 臀围

垂直测量尺寸（见 17 页）

- 腰围线到臀围线
- 腰围线到底摆线

所需样板

半裙样板（见 40 页）

所需布料量

连衣裙和里布布料

宽边 = 臀围尺寸＋35.5cm（14 英寸）
长边 = 腰围到底摆的长度＋2.5cm（1 英寸）

所需工具

- 面布
- 里布
- 隐形拉链（见 13 页）
- 与布料颜色匹配的缝纫线
- 裁布专用剪刀
- 卷尺
- 熨斗和熨烫板
- 布料记号笔
- 缝纫机
- 珠针
- 手缝针

说明

一般情况下都是把布料的正面对折起来，除非有特别说明。有一点非常重要，就是对折叠过的折痕进行熨烫以形成明确的折痕。一般情况下会取1.2cm(0.5英寸)的宽作为缝份，除非另有说明。

铅笔裙很讨人喜欢并且很有女人味；它能凸显身段，塑造玲珑曲线。这款裙子百变多样，因为它能够用不同的面料做成不同的长度，这些不一样的变化都会给你不同的效果。我觉得做这款裙子唯一要注意的是避免使用诸如雪纺那种非常垂坠、柔软的布料。这个款式是一款无腰线的设计，因为我发现这样做更迎合较多的身材体形。如果你不喜欢戴腰带的话，可以把腰带袢去掉。

裁布片

1 按照 42 ～ 43 页半裙样板的步骤 1 ～ 5，将用于制作外裙的布料折叠，标记出垂直方向和水平方向上的尺寸，以找出臀围线的位置。沿着最底的边缘（即底摆线）测量腰围，等分 4 等份后再加上 2.5cm（1 英寸）的长度并标记出，从底摆线的标记开始画出一条朝向并经过臀围线上十字标记的线条，当经过十字标记向上继续画时，线条要尽量模仿人体的外轮廓曲线。继续将弧线画到腰线做记号的地方，这就是侧缝线。

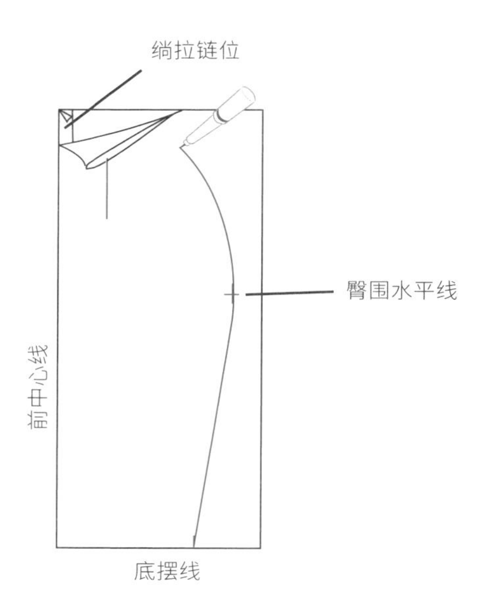

2 沿着布层上的所有线裁开，你会得到两块后裙片和一块前裙片。将这些裁片作为模板去裁剪里布。

缝合省道

3 按照 44 ～ 45 页半裙样板的步骤 8 ～ 11，标记并缝合外裙与里布的省。

熨平腰带袢，将接缝线
置于背面

制作腰带袢

4 制作腰带袢前，要先确定你喜欢的裙子腰带有多宽。把布料裁剪成四条条状带子，这些带子的宽度是在腰带的宽度基础上加上 4cm（1.5 英寸）后再加上 4cm（1.5cm 英寸）的长度。沿着长边把布条对折一半，取 1cm（0.375 英寸）的缝份并车缝。把布条的正面翻出来并折叠，这样缝线便位于中间，然后压平。（把缝线置于中间，不要位于边缘处，这样穿上腰带后，便能使腰带上的缝线隐藏于腰带袢的后面。）

5 在外裙片的正面，从腰围线开始测量出腰带宽度并加上 5mm（0.25 英寸）的长度，一直落到每个省道线，然后把一个腰带袢用珠针钉缝在这里，接缝朝上。在靠近腰围的一边，相距边缘 1.2cm（0.5 英寸）的地方车缝腰带袢。把腰带袢剩下的部分往里折叠并朝向腰围处，然后在腰带袢上距离折痕线 3mm（0.125 英寸）的地方车缝。然后沿着腰围线车缝一圈，并车缝腰带袢的上端以固定其位置。

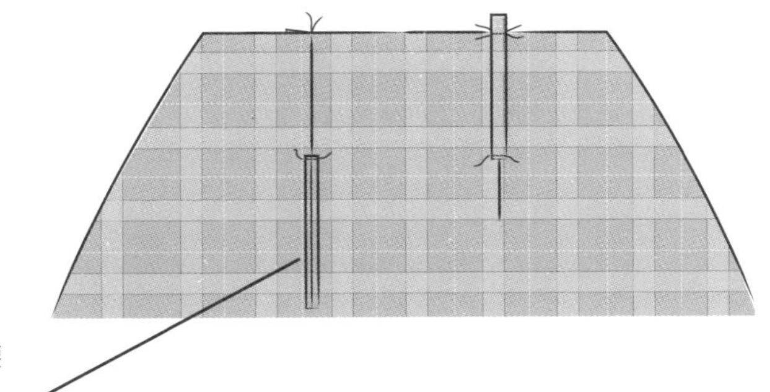

在固定的位置车缝腰带袢并熨平腰带袢，使接缝线位于背面

缝合半裙

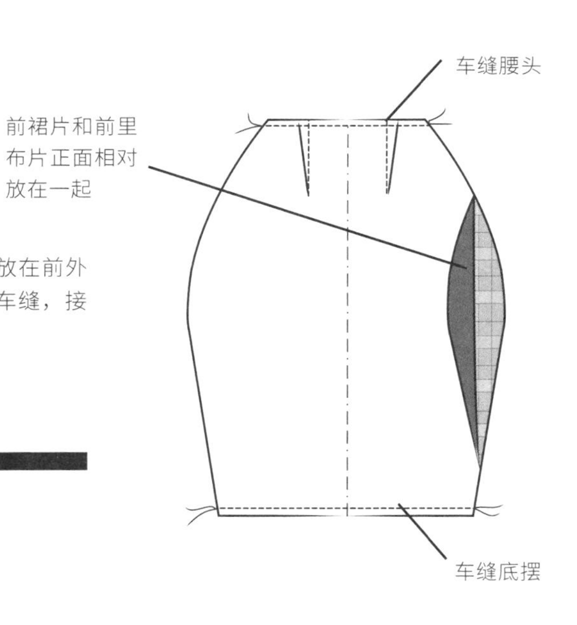

6 将布料正面相对并对齐布料的前中心线，把前里布片放在前外裙片上。把面布、里布一起沿着腰围线和底摆线进行车缝，接缝用暗包缝（见 10 页）车缝到腰围及底摆的里布上。

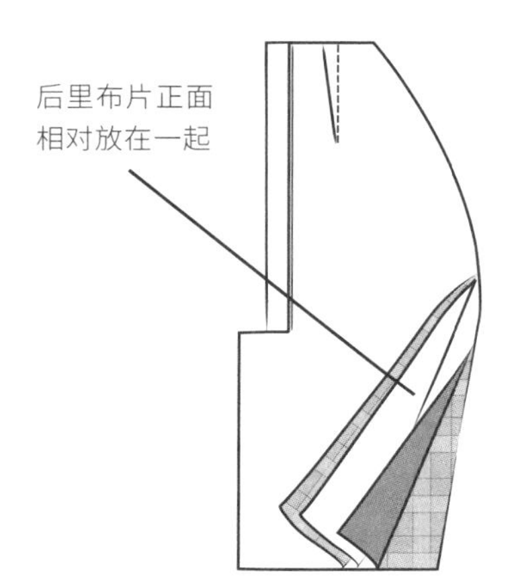

7 将布料正面相对，并对齐绱拉链折叠位，把后里布片放在对应的外裙裁片上；然后把四块布片叠放在一起，里布正面相对。接下来要决定裙子开衩的衩位需要多高，并标记定点，经过这个定点裁出一条水平的切缝并横过拉链缝份，裁剪时须小心不要越过折叠位。

沿着绱拉链
折叠位车缝
里布片

8 将布料正面相对，沿着绱拉链折叠位把里布的布片一起车缝，从臀围水平线（在腰围线下方 23cm [9 英寸]）开始一直车缝到开衩的最上端。外裙片的做法重复这个步骤。

沿着绱拉链折叠
位车缝后裙片的
背面

9 按照第 13 页的说明，在后外裙片上装上一条隐形拉链。

款式变化

这个版本由金属质感的印花布料制作而成，搭配了一件箱形上衣（见 92 页），这是最时髦的职场打扮！

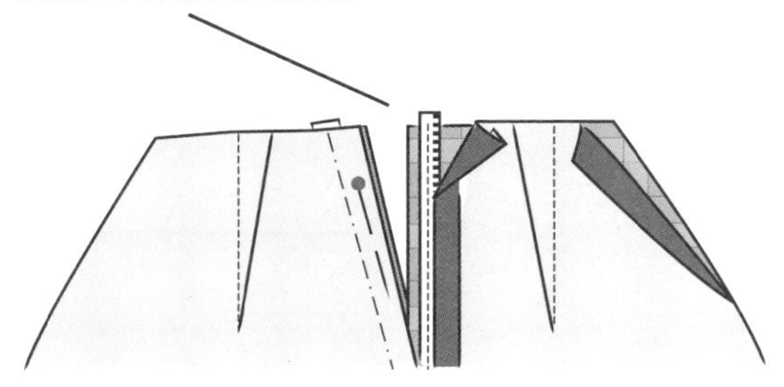

10 在外裙的背后，拉开拉链、展开拉链布片。将后里布放在上面，正面相对，确保绱拉链折叠位在里布的两侧并且在链齿的上方。

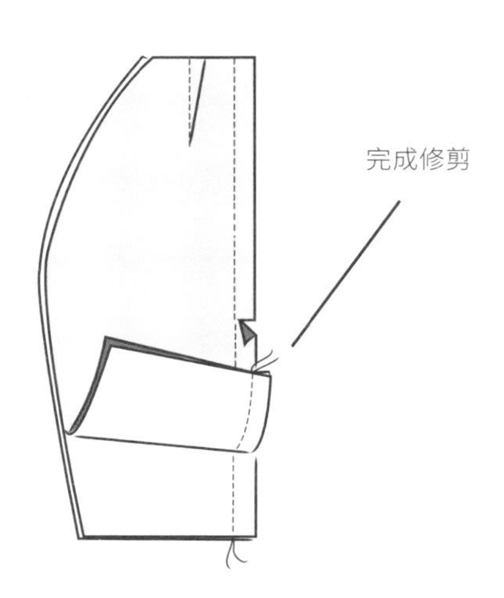

11 在链齿的背后将里布和半裙的裁片车缝在一起。在拉链停止车缝的同一个地方停止缝纫。在拉链的底座（下止）位置保留 2.5cm（1 英寸）的部分不车缝，改用手针的方法缝合，然后再用缝纫机的标准压脚车缝手针缝合的地方。

12 如果要缝合留出的开衩缝隙，就沿着绱拉链折叠位从开衩的始端将左后片里布和外裙片一起车缝至底摆边。右后片里布和外裙片的缝合重复这个步骤便可。

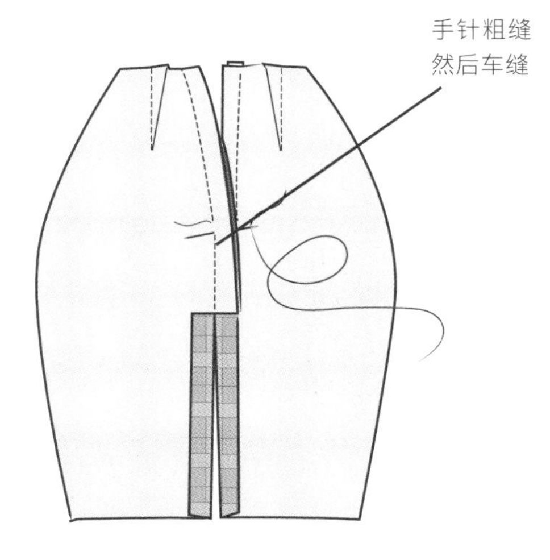

13 沿着底摆线和腰围线将后里布与外裙车缝在一起，在拉链的最上端修剪拐角的缝份，以减少布料的堆积。把布料的正面翻出来并压烫，接缝用暗包缝缝进里布中。

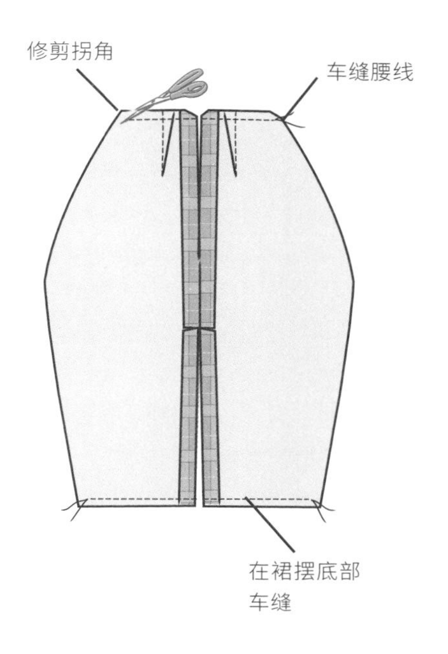

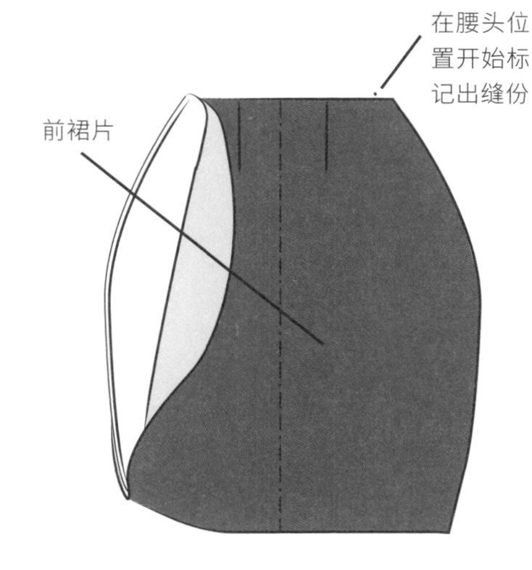

14 将布料正面相对，把前裙片放在后裙片的上方。把里布裁片卷起来移开，并且在距离外裙片侧边 5cm（2 英寸）的地方，将所有裙片用珠针钉起来。从中心线开始，沿着腰围线用小破折号测量和标记出腰围尺寸的 1/4。臀部和底摆的做法如此类推。用平滑的曲线连接各个点，然后把缝份的宽度复制到另一条侧缝上，沿着这些线把侧缝缝合好。注意不要将里布缝到面布上。

15 现在把裙子翻出来，这样裙子前片和后片的里布都能够正面相对了。将接缝线复制到里布上并车缝，在里布其中一边的侧缝上留出一个长 15cm（6 英寸）的缝隙。

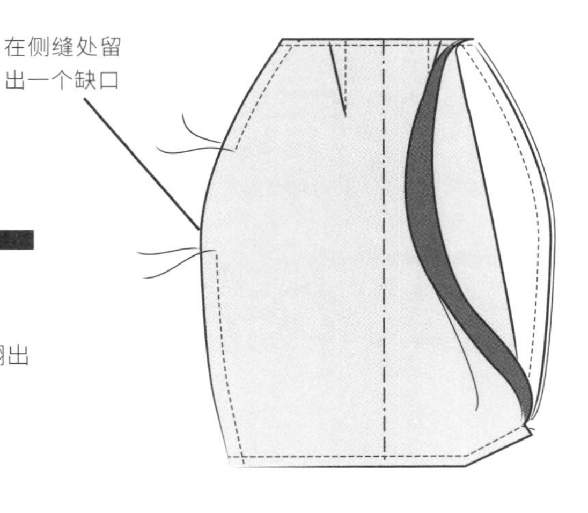

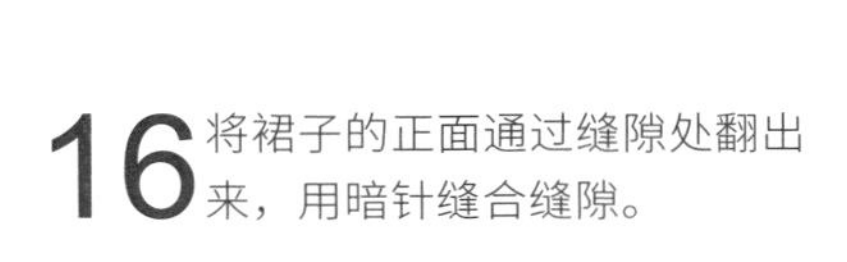

16 将裙子的正面通过缝隙处翻出来，用暗针缝合缝隙。

说明

通常只需将布料的正面对折起来，除非有特殊说明。有一点非常重要，就是对折叠过的折痕进行熨烫以形成明确的折痕。一般情况下会取 1.2cm（0.5 英寸）的宽作为缝份，除非另有说明。

褶饰底摆连衣裙

有时候时尚会带来一种流行趋势，而这种流行趋势可能会一直伴随着你！褶边裙就是这些流行单品的其中之一，也是我从来都没有丢弃的一款，因此我必须把它放在这本书里跟大家介绍。这款连衣裙非常时尚，我喜欢它的百搭。可能你已经注意到我喜欢它的裁剪板型，它可以穿去工作、吃饭，或者适用于休闲、时髦的日常穿着，甚至夜生活。这款连衣裙适合任何场合，但是对于材质的选择是关键。无论选择什么材质去制作，请务必远离诸如丝绸这种非常垂坠的布料，因为褶边裙需要一定的结构才能得到最佳效果。我用制作这款连衣裙主裙的布料来制作它的底摆，但是你不喜欢也可以用一种不同的布料来做反差对比的效果，因此，我把褶边裙主体和用作贴边的布料用量分开计算（见下文）。

所需测量尺寸

水平测量尺寸（见 16 ～ 17 页）

- 肩宽
- 前胸宽
- 后胸宽
- 胸围
- 下胸围
- 腰围
- 臀围

垂直测量尺寸（见 17 页）

- 肩至前胸宽线
- 肩至后胸宽线
- 肩至胸部线
- 肩至下胸围线
- 肩至腰围线
- 肩至臀围线
- 肩至底摆线

其他量体尺寸（见 17 页）

- 乳间距

所需布料

宽边 = 幅宽为 140cm ～ 152cm（55 英寸～60 英寸）布边到布边的长度

长边（布边到布边的长）= 肩部到底摆的长度 ×2 ＋5cm（2 英寸）

所需样板

- 衣身样板（见 22 页）
- 连衣裙样板（见 32 页）
- 喇叭裙样板（见 46 页）

所需布料量

裙子布料

长边 = 肩部到底摆的长度 - 18cm（7 英寸）

宽边 = 臀围尺寸（或者臀围最大的水平尺寸）＋35.5cm（14 英寸）

褶饰和贴边的布料

长度 =1.5 ～ 2m / 1.625 ～ 2.25 码

所需工具

- 面布
- 可熨烫黏合衬
- 暗门襟拉链（ 见 15 页）
- 与布料颜色匹配的缝纫线
- 裁布专用剪刀
- 卷尺
- 熨斗和熨烫板
- 布料记号笔
- 缝纫机
- 锁边机（可自选）
- 珠针

准备衣身

1 参照本书 24 ～ 27 页衣身样板的制作步骤 1 ～ 4，折叠面布，标记出水平和垂直的尺寸，并做出这些更改：当标记出垂直尺寸后，把用作裙子的布料延长 2.5cm（1 英寸）。当标记水平尺寸时，沿着底摆边缘，测量出你的腰围，在 1/4 长的基础上再加上 7.5cm（3 英寸）。裁剪出所有的连衣裙衣片。

2 按照衣身样板制作的步骤 15 ～ 24，标记并车缝所有的省。

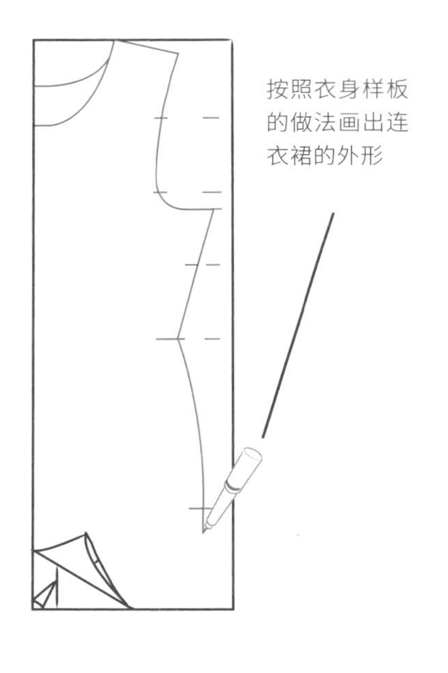

裁剪贴边

3 这条裙子的衣领和袖笼都有贴边，这些贴边中其中一片用作前片，另外两片用作后片。为了制作出前贴边，将折叠了的连衣裙纸样放在已经折叠的面布上，将前中线边缘放在折叠线上。在胸围线下方测量和标记出 7.5cm（3 英寸）的长度。沿着领围、肩膀和袖笼裁剪布片，在胸围线下方的标记处停下来。

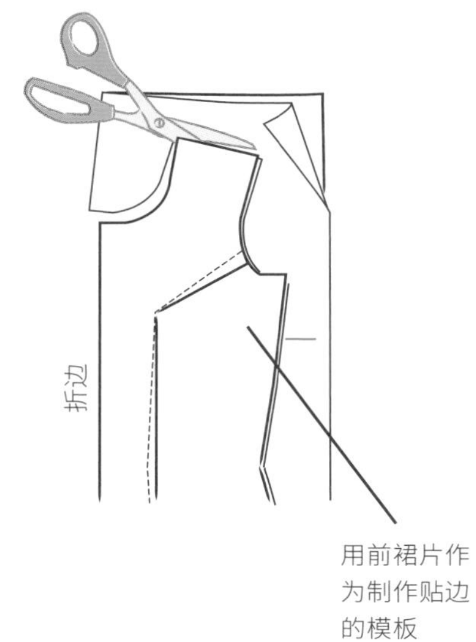

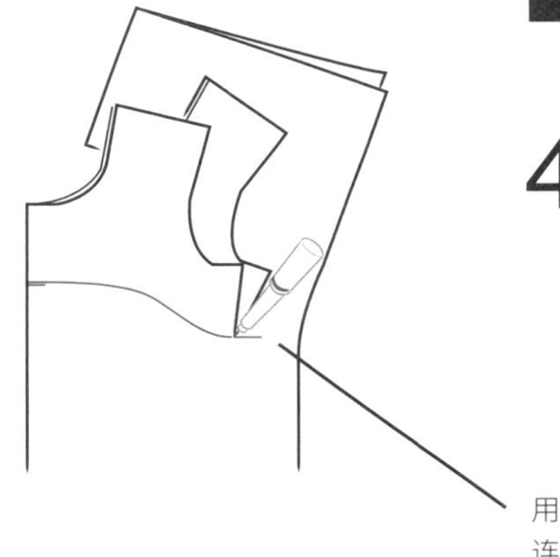

4 把折叠的前裙片拿开，在贴边上领围的中心折叠处下方 7.5cm（3 英寸）的地方做标记。从这个点到刚才在步骤 3 中胸围线下方 7.5cm（3 英寸）的标记处画一条凸圆曲线。沿着画好的线条剪开。

5 将这块贴边作为一个模板，然后裁剪出一块同样形状的黏合衬。把黏合衬熨在前贴边的反面，然后对底部的边缘采用锁边缝或 Z 字缝缝合。对后贴边的处理也采用相同做法，但是当你把后裙片放在贴边上时，要沿着后中心线边缘翻折按压出 2cm（1 英寸）的绱拉链位，如同连衣裙的做法。不要在绱拉链位熨黏合衬。

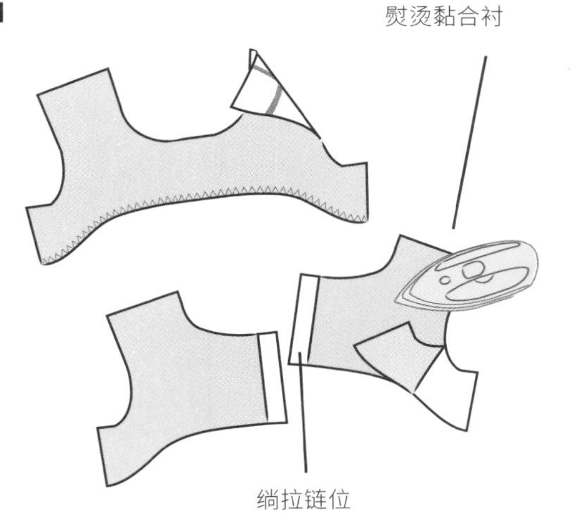

缝合贴边

6 将布料正面相对，把前贴边放在前裙片的上方，与领口相对。围绕领围线车缝一圈，修剪领围缝份（见 10 页），把缝份用暗包缝缝进贴边（见 10 页）。用同样的方法将前裙片袖笼用暗包缝缝起来，然后修剪、处理缝份。把贴边翻过来，这样便能使贴边的反面与前裙片的反面相对。

修剪并用暗包缝缝合缝份

在领口线上对齐布片

贴边的背面

连衣裙前片的正面

7 用同样的方法将后贴边缝到后裙片上，继续在绱拉链折叠位上缝合。当修剪领围时，把中心位置角落的缝份也进行修剪，以减少布料的堆积，然后再把缝份用暗包缝缝进贴边。把贴边翻过来，这样便能使贴边的反面与后裙片的反面相对。

修剪并用暗包缝缝合缝份

在暗包缝缝合前，修剪中心线上的拐角

贴边的背面

后裙片的正面

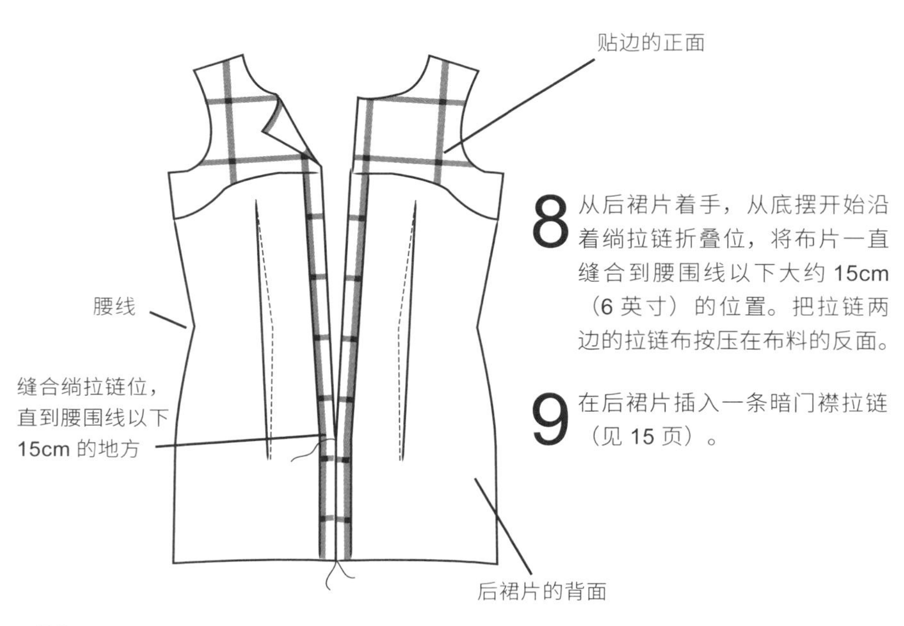

8 从后裙片着手，从底摆开始沿着绱拉链折叠位，将布片一直缝合到腰围线以下大约 15cm（6 英寸）的位置。把拉链两边的拉链布按压在布料的反面。

9 在后裙片插入一条暗门襟拉链（见 15 页）。

缝合裙片

10 将布料正面相对，把前裙片放在后裙片上，拉链与布片的前中心线对齐。参照 39 页连衣裙样板制作步骤 23 ～ 26 的做法，标记出你的胸围、下胸围、腰围及臀围的尺寸，每个围度都沿着相关的水平线等分 4 等份。连接各个标记点，参考连衣裙样板的步骤6做法，这条线就是缝份线。为了标记出底摆线，从中心折叠处开始测量，测量出腰围的 1/4 长再加上 5cm（2 英寸）后的长度。把贴边的侧缝边拉起来，这样便能使它们正面相对。

对齐前中心线和拉链

把贴边拉起来这样它们能正面相对

标记出胸围线、下胸围线、腰围线及臀围线的位置

正面相对

11 从贴边的锁边边缘或 Z 字缝边缘开始，从侧缝顶端一直车缝到裙子的底部边缘，然后试穿一下是否合体。如果你喜欢的话，还可以将贴边和主体衣片之间的侧缝进行修剪，然后锁边或者做 Z 字缝处理。

12 将后贴边翻出来，把肩部的前裙片及贴边塞进后裙片，以及后裙片的贴边里面。车缝肩部缝合线，并修剪衣角，然后把后贴边的正面翻出来。

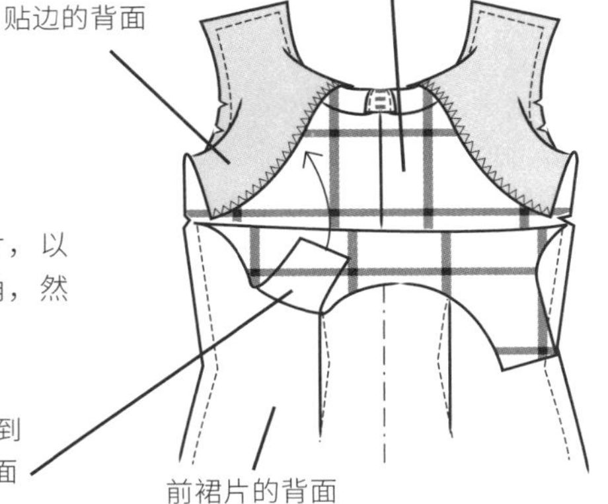

缝合褶皱底摆

13 测量连衣裙的底摆周长。将底摆周长除以 3.14，然后把得到的结果再除以 2，就会得出一个含有小数位的数值，把这个数值四舍五入到整数或到 0.5，这就是第一半径，第二半径就是在第一半径的长度再加上 23cm（9 英寸）的长度。应用这些半径，参照 50 ～ 51 页全喇叭裙纸样步骤 1 ～ 3 的制作方法裁剪出褶皱裙摆的布片。

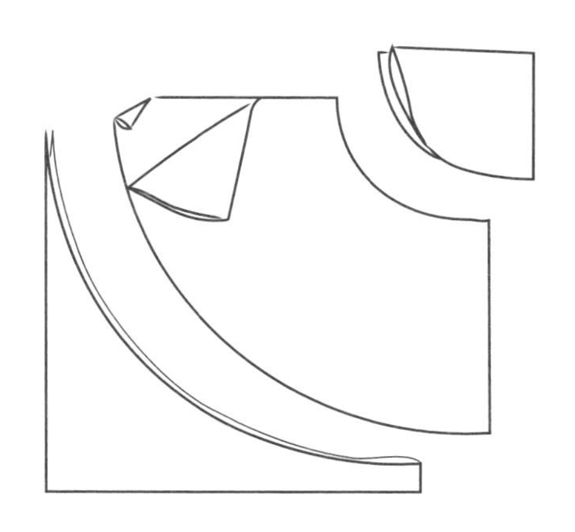

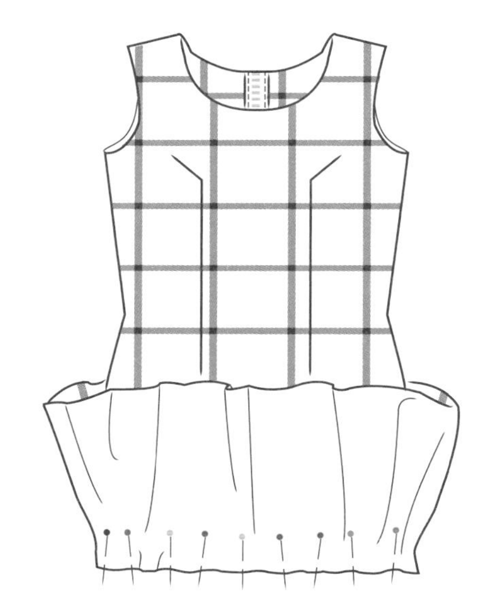

14 将主裙与褶皱底摆的布片正面相对，在这个状态下沿着褶皱底摆的内圆边缘，用珠针钉缝主裙与底摆的布片，对钉缝的边缘进行锁边或 Z 字缝。

处理裙摆

15 将裙子晾挂 24 小时，然后在裙里片的底摆车缝一条窄折边双行线或锁边，接着翻到正面在上面车缝单折边。

晚礼服
约会裙

想在第一次的约会或者在晚上外出的时候给人一个特别难忘的印象吗？这条经典的蕾丝连衣裙简洁大方、干净利落、优雅性感，不需要在脸上做过多的修饰，这是我喜欢它的所有原因。我推荐用蕾丝花边来做这款裙子会更完美。选择一种图案不太明显重复的布料，因为它会让你的裙子领线更好看，并且不用担心要花时间去对齐图案。

说明

除非有特殊说明，通常只需将布料的正面对折起来。有一点非常重要，就是把折叠过的折痕进行熨烫以形成明确的折痕——但做这个步骤之前首先要找一小块蕾丝布料来测试熨斗的熨烫温度。除非有特别的说明，一般情况下会取 1.2cm（0.5 英寸）宽度作为缝份。要确保在蕾丝布料的其中一边保留它自身的装饰边缘，这样便能够把它用作底摆。我习惯使用醋酸纤维布料做第一层的衬里，以涤棉布做第二块衬里。我喜欢蕾丝布覆盖下的醋酸纤维布料所发的微妙光泽感——因为这样不会让我穿上后显得肤色与裙子颜色的对比过于强烈。我选择涤棉布做第二层衬里，是因为它的特性坚韧，在面裙下能够耐磨、不易皱，同时它也比较透气。

所需测量尺寸

水平测量尺寸（见 16 ～ 17 页）

- 肩宽
- 前胸宽
- 后胸宽
- 胸围
- 下胸围
- 腰围
- 腕围

垂直测量尺寸（见 17 页）

- 肩至前胸宽线
- 肩至后胸宽线
- 肩至胸围线
- 肩至下胸围线
- 肩至腰围线
- 肩至臀围线
- 肩至底摆线
- 腋下长

其他测量尺寸（见 17 页）

- 臀围
- 肘围
- 臂围
- 袖长
- 肘长
- 乳间距
- 颈窝点至领口线

所需样板

- 连衣裙样板（见 32 页）
- 袖子样板（见 54 页）

所需布料量

裙子的蕾丝布料量

宽边 = 最大水平测量尺寸＋35.5cm（14 英寸）
长边 = 肩部到底摆的长度＋2.5cm（1 英寸）

袖子的蕾丝布料量

宽边 = 臂围 ×2 ＋5 cm（2 英寸）
长边 = 袖长＋4cm（1.5 英寸）（见 58 ～ 61 页）

第一层里布和第二层里布的布料量

宽边 = 最大水平测量尺寸＋35.5cm（14 英寸）
长边 = 肩部到底摆的长度

所需工具

- 蕾丝花边
- 用作第一层里布的醋酸面料
- 用作第二层里布的涤棉面料
- 隐形拉链（见 13 页）
- 与布料颜色匹配的缝纫线
- 对比鲜明的缝线用作粗缝
- 裁布专用剪刀
- 卷尺
- 熨斗和熨烫板
- 布料记号笔
- 缝纫机
- 手缝针
- 珠针
- 隐形拉链压脚（可自选）

裁剪布片

1 先从第一块衬里开始着手制作，参照连衣裙样板的制作步骤 1～2（见 34 页）。在绘制你的测量尺寸之前，先从底摆开始往上测量肩膀到底摆的长度，这样做是为了便于你能够用蕾丝边缘的细节设计制作裙下摆。标记出你的测量尺寸，按照连衣裙样板的制作步骤 3～12 来做。把衣片裁剪出来，但是先不要裁出领口；相反，在内肩缝线与领围线交接的地方做 1.2cm（0.5 英寸）宽的剪口。

2 将蕾丝布沿着宽边对折一半，然后铺平，抚平所有的褶皱，这个折叠就是前中心线。沿着相反的位置折叠出 2.5cm（1 英寸）的绱拉链位，把两层布料一起翻折，这条折叠的边缘便是后中心线。最顶端的边缘是肩缝线，最底部的边缘是底摆线。

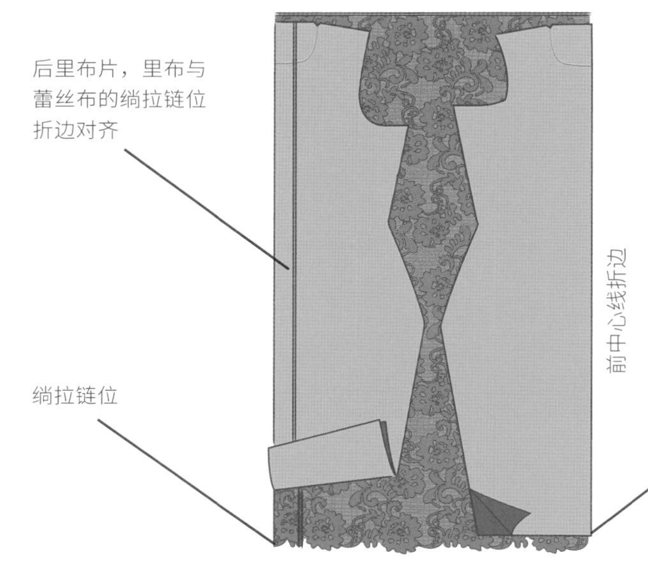

3 将前身第一块衬里铺在蕾丝布上面，折边对齐，并把里布放在蕾丝边缘上方 2.5cm（1 英寸）的位置。用同样的方法做出后衬里，两侧的绱拉链位对齐。然后用衬里布作为模板裁剪出蕾丝布片的形状。

4 展开蕾丝布料的后裙片和前裙片，沿着蕾丝布料上的自然细节裁出领口线。做这个步骤时尽量剪得平齐，记住由于受到蕾丝图案的影响，领围线不一定对称，所以你需要找一个较好的平衡点使领围线美观。

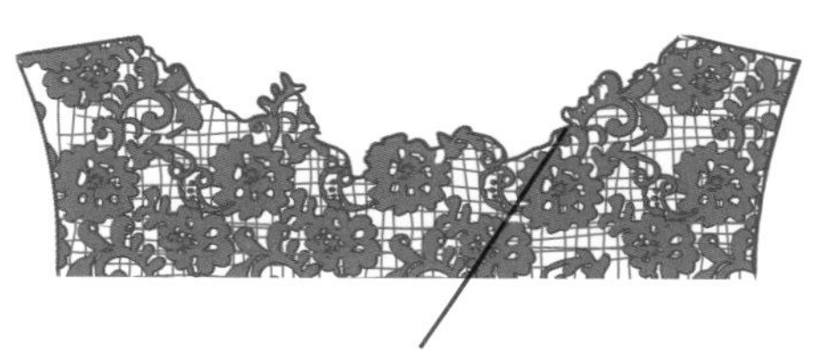

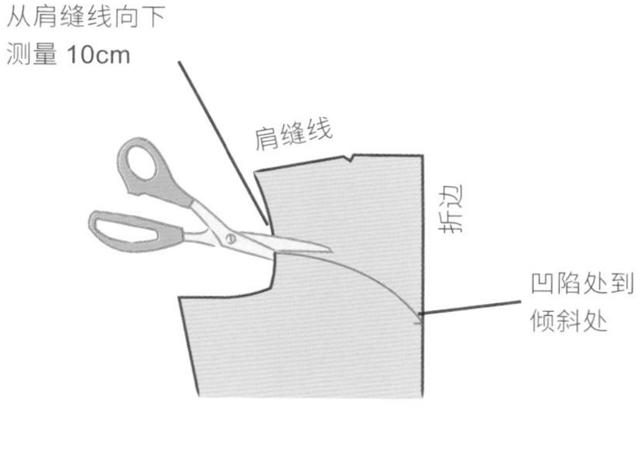

5 在前里布片上做一个鸡心领的领围线。在保持前里布片沿着前中心线折叠的状态下，沿着袖窿上的肩缝线向下测量 10cm（4 英寸）并做记号。从前中心线折痕最顶端的边缘开始，测量颈窝点至领口线（见 16 页）的尺寸再减去 1.2cm（0.5 英寸）后的长度并标记出来。在袖窿上的标记开始，画出一条凸起的曲线并连接到折痕上的标记。沿着这条曲线裁剪。

6 折叠第二块里布，按照连衣裙样板的制作步骤 1～2 来制作（见 34 页）。把你在步骤 5 中裁剪好的第一块里布放在上方，折叠两次，然后将其作为模板裁剪出第二块前里布片。

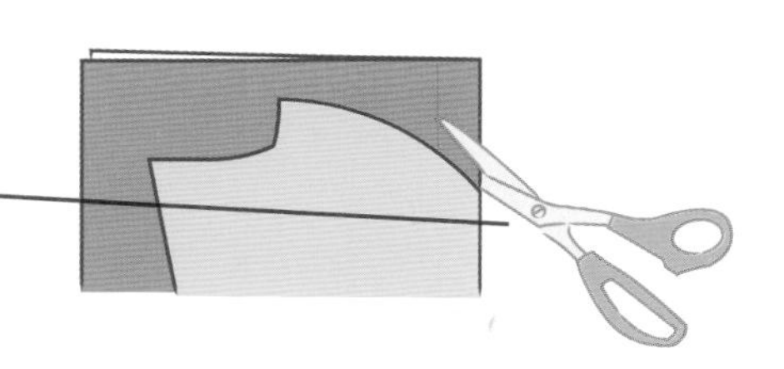

7 对于后里布，在袖窿水平线下 12.5cm（5 英寸）的地方做记号，并画出一条与后中心线相交的水平直线，然后穿过拉链止口的折叠位置，沿着这条线裁剪。用这个模板裁剪出相同形状的第二块后里布。

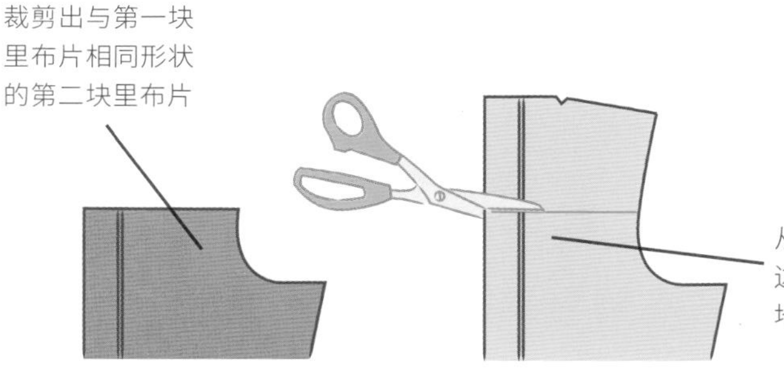

制作省道

8 将第一块和第二块前里布片放在前蕾丝面布上方；所有布片都要折叠。按照连衣裙样板的制作步骤15、17 和 18，在所有布片上做出垂直和侧面的胸省折叠。暂时不要翻转反向的折叠省。

9 继续在前裙片上制作，展开蕾丝布片和第一块里布片。把第一块里布正面相对蕾丝布的反面放置，沿着省道折边粗缝，穿过里布和蕾丝面布以便将布片连在一起。然后翻转折叠省，使里布反面上的所有省都凸显出来。

蕾丝布片的背面

第一块里布片的背面

10 按照连衣裙样板的制作步骤20～21，在蕾丝布片的衬里和第二块里布上标记出省道。

11 重复步骤 8～10 制作后裙片，按照连衣裙样板的后片省道的制作方法，但是要做一些改变，即把省道延长至腰围线以上 23cm（9 英寸）的地方。缝合所有的省道。

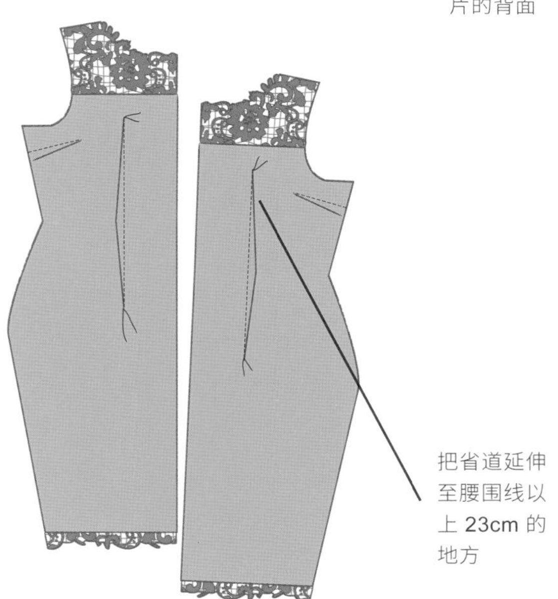

缝合连衣裙

12 用卷边机把第一块里布的前裙片和后裙片进行缝合（见 12 页）。

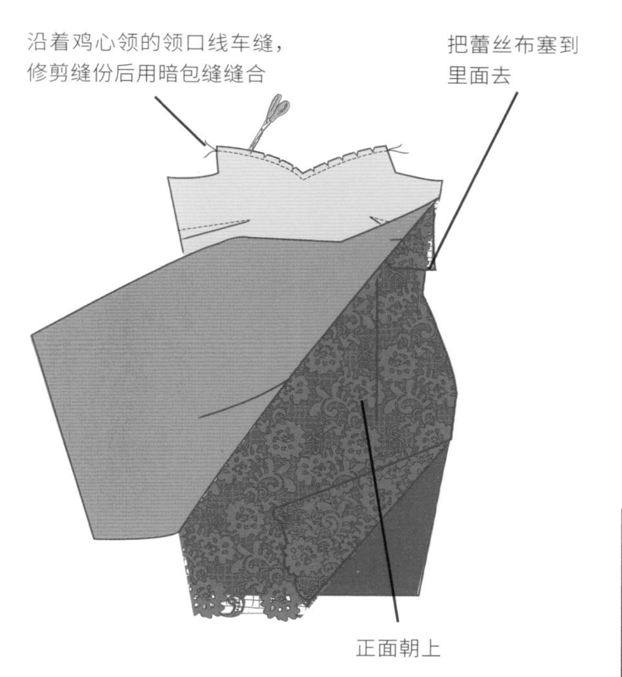

13 把连衣裙的前片放在你的工作台上，正面（蕾丝）朝上。沿着领围线拉下蕾丝布料，这样便能够使紧贴的里布露出正面来，然后把第二块里布放在上面，使两块里布正面相对。只需要沿着领口边缘车缝便可，然后修剪领口止口，把缝份用暗包缝缝进第二层里布中。

14 沿着后裙片的里布领围线，重复步骤 13 和步骤 14 的做法，但是在距离绱拉链折叠位置 2.5cm（1 英寸）的地方停止车缝。

在距离绱拉链位
折 痕 处 2.5cm
的地方停止车缝

15 把第二块里布钉缝并避开绱拉链折叠位，然后沿着绱拉链折叠位将第一块里布钉缝到蕾丝面布上。

沿着绱拉链位粗缝

第二块
里布片

第一块里布片

16 参照 13 页，在蕾丝面布和第一块里布之间插入一条隐形拉链。将裙后片对折一半，正面相对，在蕾丝布对折的拉链位置打一个水平的剪口，这个剪口落在里布的边缘水平线上。

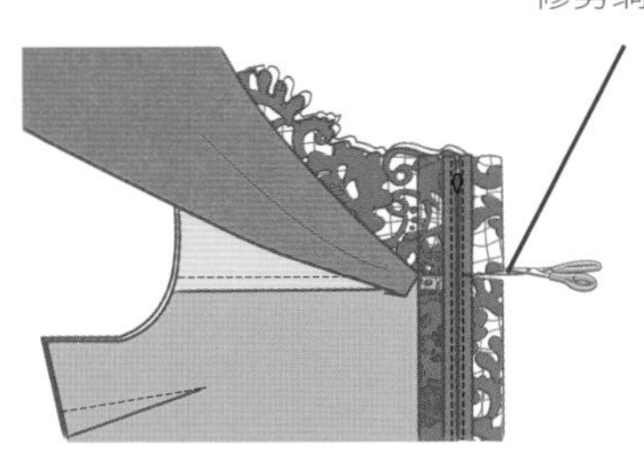

17 将第二块里布放在蕾丝面布上，正面相对，肩部的蕾丝布料将会夹在第二块里布和第一块里布之间。布料的缝份会翻折在两块里布的外面，恰好在接缝的顶端。现在沿着绱拉链折叠位从下往上车缝到拉链尾端，然后翻出来。

18 沿着绱拉链折叠位，将第二块里布的两块后片对齐后中心线车缝。

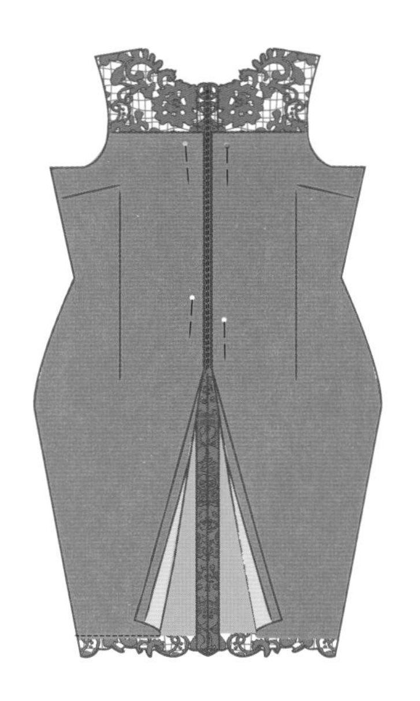

19 把前裙片放在后裙片上，正面相对，除了胸部以外，确保其他地方的布料平坦。把前片的第二块里布的布片拉出来，然后在胸围线、腰围线及臀围水平线上把布片两侧钉缝在一起。

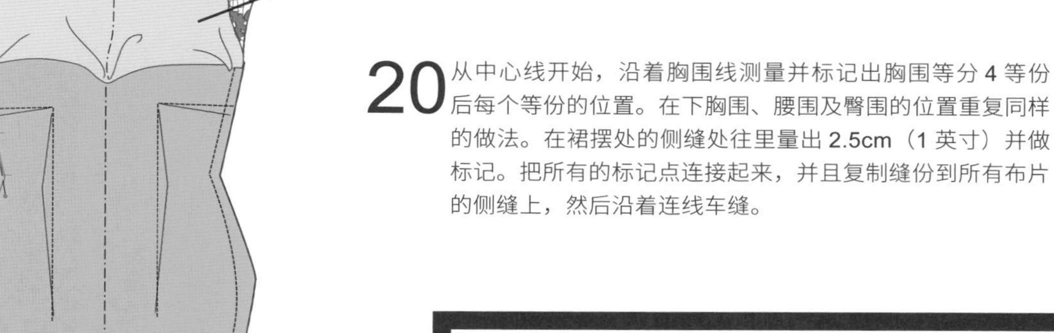

20 从中心线开始，沿着胸围线测量并标记出胸围等分 4 等份后每个等份的位置。在下胸围、腰围及臀围的位置重复同样的做法。在裙摆处的侧缝处往里量出 2.5cm（1 英寸）并做标记。把所有的标记点连接起来，并且复制缝份到所有布片的侧缝上，然后沿着连线车缝。

21 缝合肩缝线，然后把两块里布钉缝在袖窿下半部分的位置上。

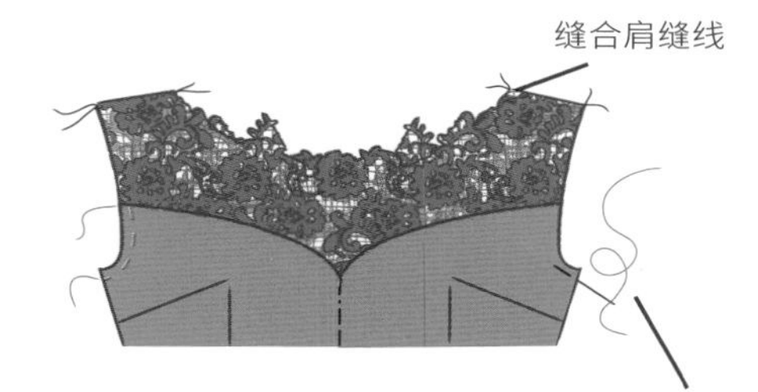

22 参照袖子样板 56 ～ 57 页的制作步骤 1 ～ 7（本书的制作方法），从蕾丝布料上裁剪出袖子裁片即可。绱袖可参照 58 页里标准合体袖袖头的制作指示装袖子。

23 用卷边机对第二块里布进行包边处理（见 12 页）。

天鹅绒裹身裙

说明

一般情况下都是把布料的正面对折起来，除非有特别说明。有一点非常重要，就是对折叠过的折痕进行熨烫以形成明确的折痕。一般情况下会取1.2cm（0.5英寸）的宽作为缝份，除非另有说明。针对这个款式，所有的剪口都尽量采用直剪的方式，而不是剪出楔形的厚块。

所需测量尺寸

水平测量尺寸（见 16 ～ 17 页）

- 肩宽
- 前胸宽
- 后胸宽
- 胸围
- 下胸围
- 腰围
- 臀围
- 腕围

垂直测量尺寸（见 17 页）

- 肩至前胸宽线
- 肩至后胸宽线
- 肩至胸围线
- 肩至下胸围线
- 肩至腰围线
- 肩至臀围线
- 肩至底摆线
- 腋下长

其他测量尺寸（见 17 页）

- 乳间距
- 腰围差（肩部到腰围线的长度与到后背的长度之差）
- 臂围
- 肘围
- 袖长
- 肘长

所需样板

连衣裙样板（见 32 页）
袖子样板（见 54 页）

所需布料量

半裙所需布料

宽边 = 臀围尺寸＋25cm（10 英寸）
长边 = 肩部到底摆的长度 - 肩部到腰的长度＋23cm（9 英寸）

衣身所需布料

宽边 = 胸围与腰围之间最大的水平测量尺寸＋38cm（15 英寸）
长边 = 肩部到腰围线的长度＋2.5cm（1 英寸）

袖子所需布料

宽边 = 臂围 ×2 ＋5cm（2 英寸）
长边 = 袖长＋4cm（1.5 英寸）

所需材料与设备

- 中等重量的弹力织物
- 与布料颜色匹配的缝纫线
- 直尺
- 熨斗和熨烫板
- 缝纫机
- 双头钩针（可自选）
- 珠针
- 柔软的熨烫黏合衬
- 裁布专用剪刀
- 卷尺
- 布料记号笔
- 锁边机（可自选）
- 手缝针

你们当中曾经看过英国缝纫大赛第二季的人应该很少，但在这个节目的第四周比赛中我赢得了服装周奖项。这个款式融合了我喜欢的时尚款式：它的风格和裁剪凸显身形，包裹身体曲线，适合每种体形。同时天鹅绒布料高档奢华，是我最喜欢的布料。我每周所穿的服装都会有小垫肩或者在单肩上做一些点缀装饰的款式，但是对于这个款式，我什么装饰都没做。尽管没有任何装饰点缀，但是也可以华丽优雅。这个款式需要用有弹性的布料，我推荐使用中等到中重的布料。如果布料太轻，那做出来的裙子就会失去垂坠的强度；而如果布料太重，裙子就显得太笨重，失去了优雅感。弹力天鹅绒，也称丝绒，它的重量是做这个款式的最好选择，也许是我有点明显的偏好。随便玩一下这个款式吧，把它的裙长做成不同长度（我过去是把它做成到膝盖位置的长度，让它看起来有意想不到的效果），把它的袖子做成不同长短，加上装饰或尝试一种完全不同的弹性布料。款式变化无穷无尽，你可以自己多试试！

裁剪半裙

1 从裙子的面布开始着手，沿着面布的幅宽对折一半。折痕是后中心线，最顶端的边缘是腰围线，与折痕相对的开口边缘是前中心线，底部的边缘是底摆线。从后中心线开始测量并标记出腰围尺寸的 1/2。从刚才的第一个标记向后中心线的方向测量并标记出 9cm（3.5 英寸）的长度。

2 从腰部开始测量并标记出前中心线向下 18cm（7 英寸）的长度。从半腰围处出发画一条连接前中心线处 18cm（7 英寸）记号位置的圆弧线。沿着底摆从后中心线测量并标记 11.5cm（4.5 英寸）的长度。从这个标记处画一条弧线，并连接到刚才前中心线上 18cm（7 英寸）处的标记。

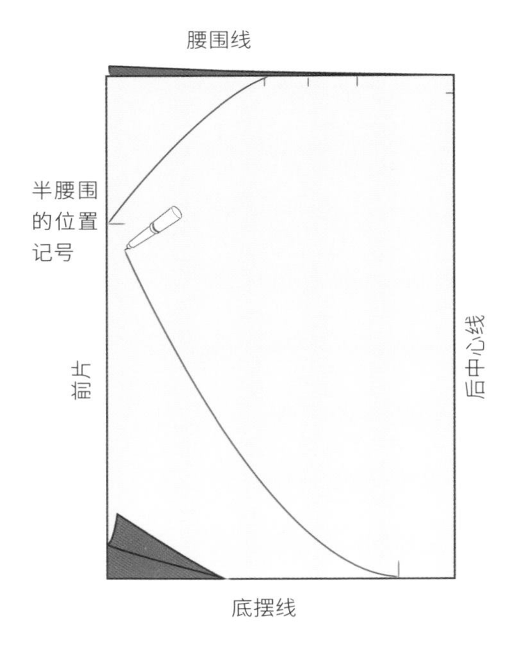

3 再次着手裙子的腰部，从后中心线开始测量，标记出腰围尺寸的 1/4。从腰部开始向下测量，沿着后中心线标记出腰围差的 1/2 处。从这个标记开始画一条弧线，连接到 1/4 腰围的标记点上。

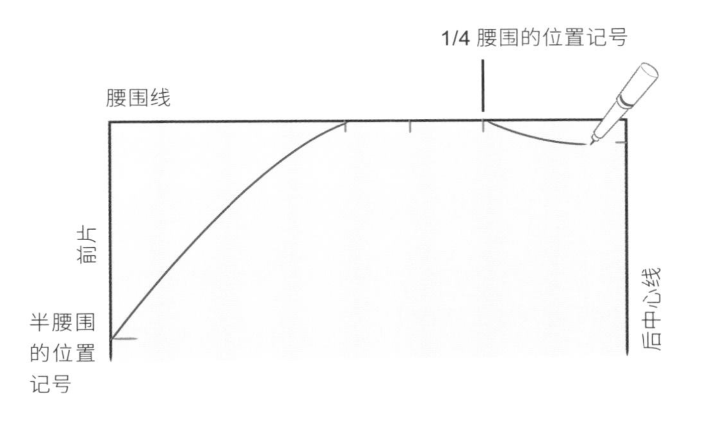

4 沿着画的线裁剪，然后沿着腰围在后中心线的位置、第二和第三等份的标记处分别打个小的直剪口。把裙子放到一边。

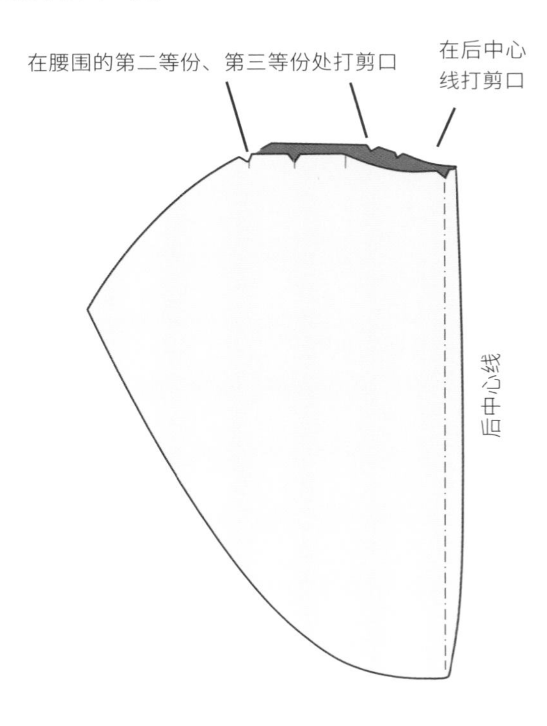

裁剪衣身

5 现在着手做衣身。我们先把后裙片裁剪出来，然后将其作为模板裁剪出前裙片。沿着幅宽把布料对折一半，这条折痕便是后中心线，底部边缘便是腰围线。参照 32 页连衣裙样板的说明步骤 3 ～ 12 制作，标记出垂直和水平测量尺寸，并做出这些改变：当标记水平测量尺寸时，通常先省略 5cm（2 英寸），再把测量尺寸等分 4 等份后再加上。沿着后中心线的边缘上向下测量 4cm（1.5 英寸）并标记出，因为在这个款式里面你需要把后领围做得高一点。在胸围线上省略 5cm（2 英寸）。请记住这是后裙片，所以当制作袖窿时，要忽略肩膀到前胸宽及前胸宽上的标记。

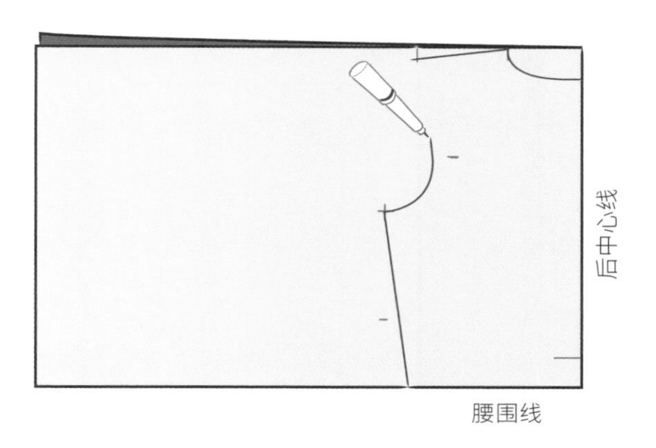

6 沿着后中心线，从腰围向上测量并标记出腰围差的 1/2。从这个标记点开始画一条圆弧线，一直延伸到腰围水平线上的侧缝处。把后裙片裁剪出来。

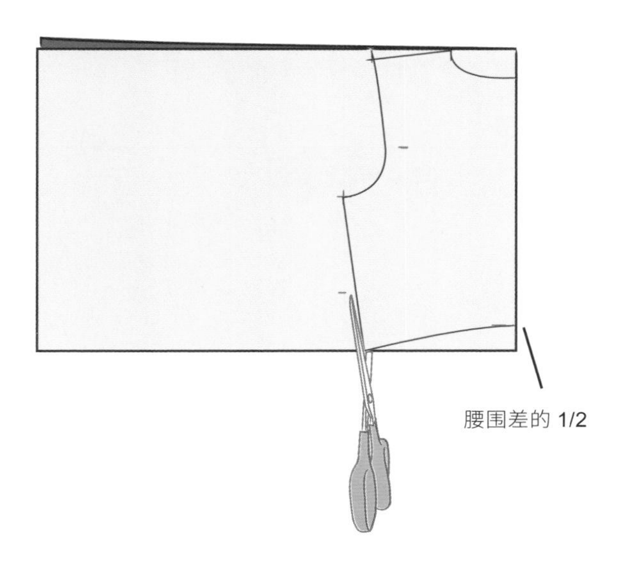

7 从衣片布料另一边的末端画出一条直线，这条直线与边缘平行并距离边缘 18cm（7 英寸）；这就是前中心线。沿着底部边缘，画出一条距离底边 6cm（2.5 英寸）的水平直线。

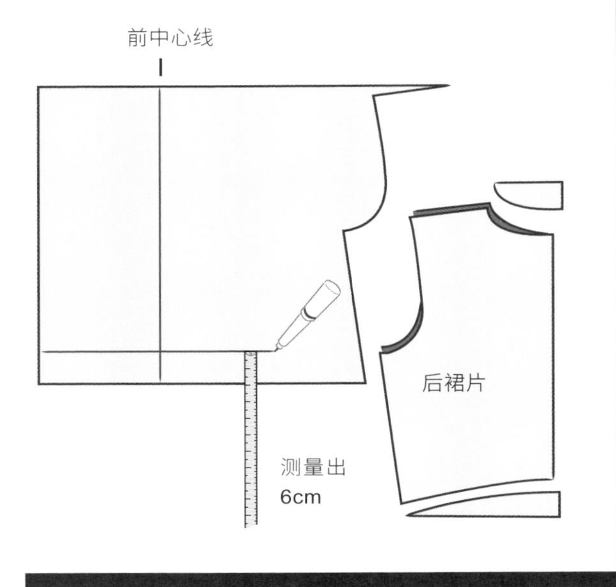

9 把后裙片移开。在第 7 步骤画的垂直线上，标记出肩膀到前胸宽线的尺寸。然后把前胸宽的尺寸等分 2 等份，再加入 1.2cm（0.5 英寸），并且在肩膀到前胸宽线上做一个小的十字标记。将底部沿着直线裁剪开。标记出前袖窿，然后将其裁剪出来。

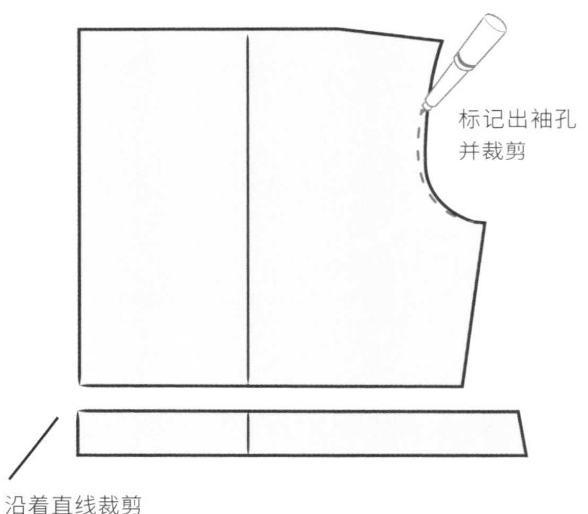

8 将后裙片的后中心折叠线沿着前中心线放置。从 6cm（2.5 英寸）标记对齐的地方开始裁剪，接着裁剪出侧缝及肩缝线。

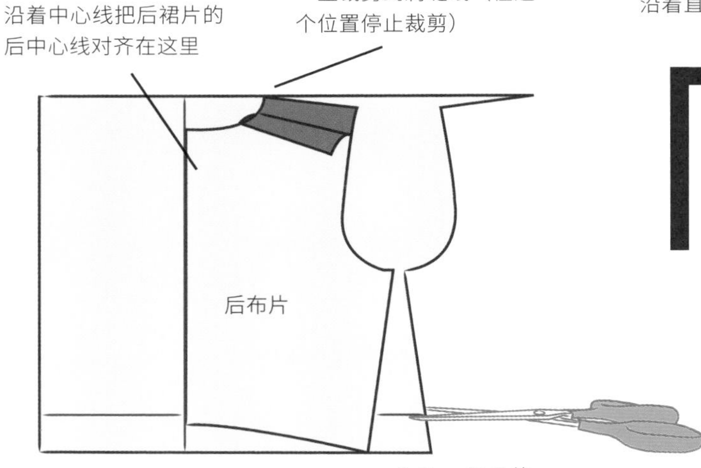

10 测量出肩缝线最高点到底部的长度。同样在这个最高点，以距离前中心线上 9cm（3.5 英寸）的地方为中心，以肩部到腰部的长度为半径旋转画弧，画出有规律、有间隔的圆弧线，并延伸至布料边缘。沿着底部，从前中心线朝侧缝方向测量并标记 9cm（3.5 英寸）的长度。

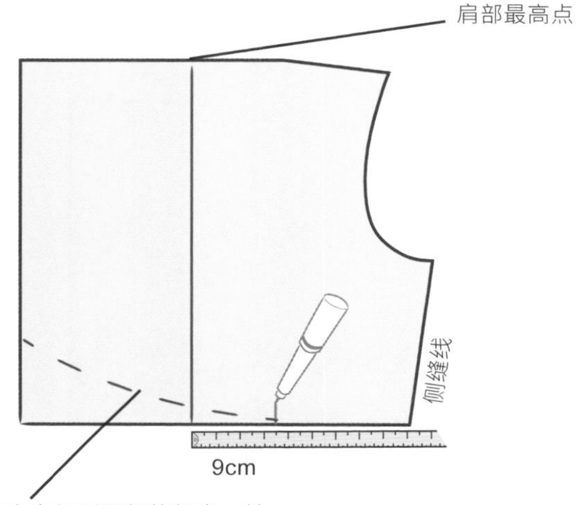

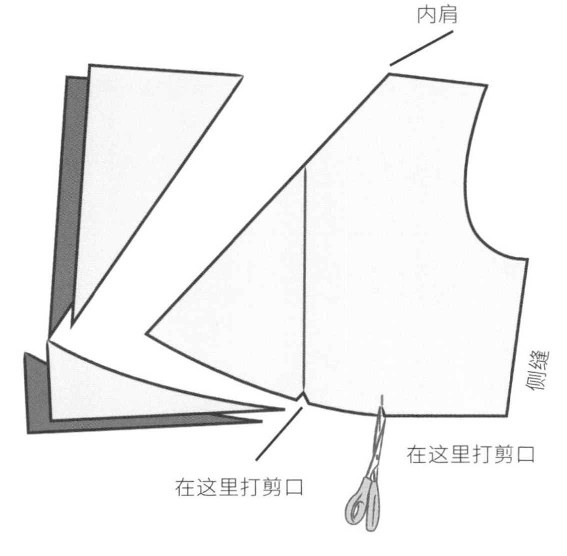

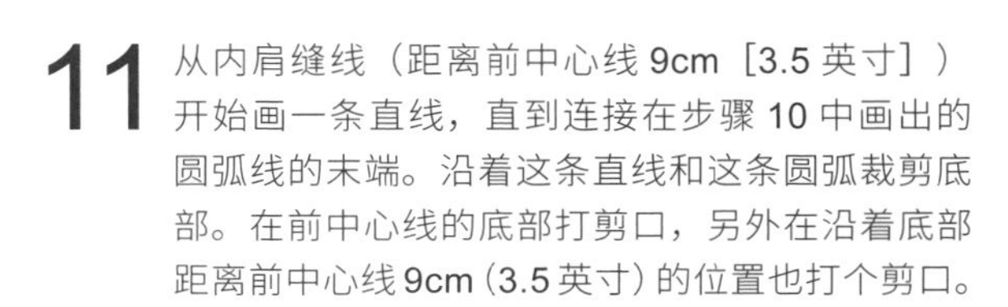

11 从内肩缝线（距离前中心线 9cm［3.5 英寸］）开始画一条直线，直到连接在步骤 10 中画出的圆弧线的末端。沿着这条直线和这条圆弧裁剪底部。在前中心线的底部打剪口，另外在沿着底部距离前中心线 9cm（3.5 英寸）的位置也打个剪口。

12 对于腰带的制作，需要先测量出你的腰围尺寸，然后用7.5cm（3英寸）的1/2作为宽度，把布料按照腰围的长度和得出的宽度裁出一条细布条。这条腰带需要固定，因为碎褶会被拉扯在腰带两侧的末端。裁剪一块同样尺寸的黏合衬，然后将其熨在腰带的反面。沿着两条长边在腰带的中心位置做剪口。

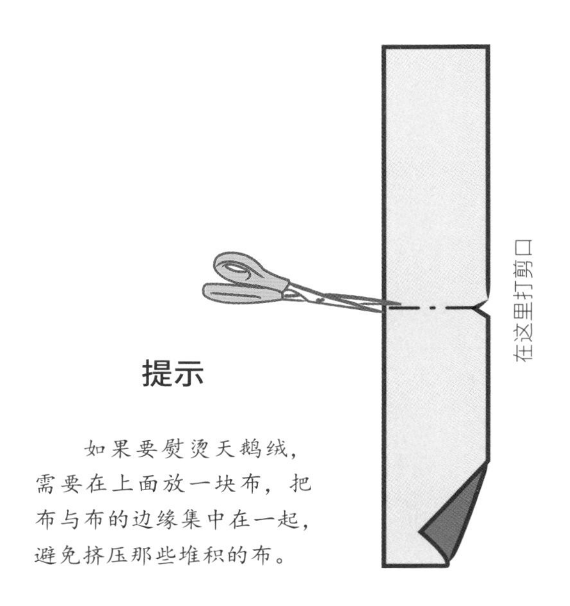

提示

如果要熨烫天鹅绒，需要在上面放一块布，把布与布的边缘集中在一起，避免挤压那些堆积的布。

13 按照制作袖子样板（见54页）的方法，裁剪出两块合体盖肩袖。

缝合连衣裙

14 将布料正面相对，把正面的衣身布片放在背面衣身的布片上面，对齐肩缝线，然后车缝肩缝线或者把肩缝线锁边。

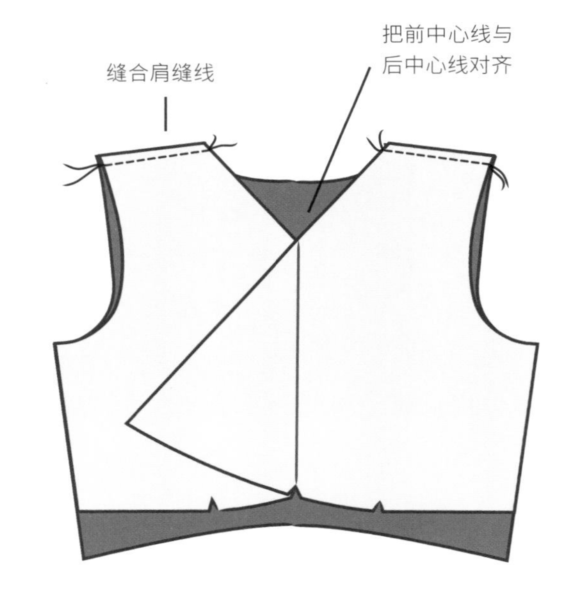

15 把整个衣领线、下摆和裙子的前片做包边、锯齿形锁边缝或Z字缝处理。沿着包边或者锯齿锁边的边缘，把底摆线折边翻到布料的反面上。你可以用双头钩针车缝把底摆缝好，也可以用手针暗缝。

16 将你的缝纫机设置到最长的线迹长度，第 5 档适合大部分的模式，然后分别在半裙腰缝线两个末端的边缘和第一个剪口处，以及在上身前衣片的边缘和第一个剪口处车缝两排并相隔 6mm（0.25 英寸）的直线线迹。

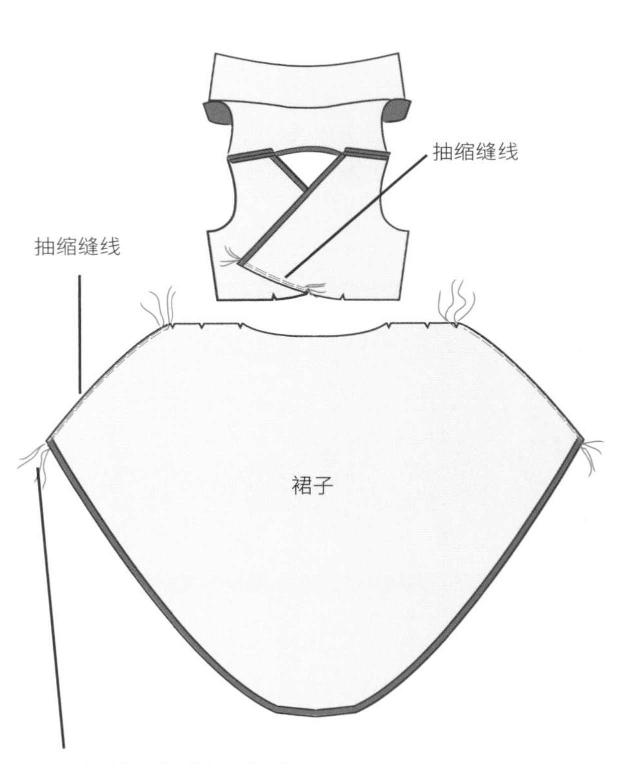

17 开始着手制作前衣身，把一个中心剪口放在另一个中心剪口上方，这样衣身的右裙前片就会在左裙前片的上面。当衣片交叉重叠时，细褶聚集的部位将会沿着边缘融入中心剪口和其他剪口之间的空间里面。对齐衣身的中心剪口，把腰带放在上面，正面相对。然后用珠针固定，在固定好的位置上车缝或者锁边。

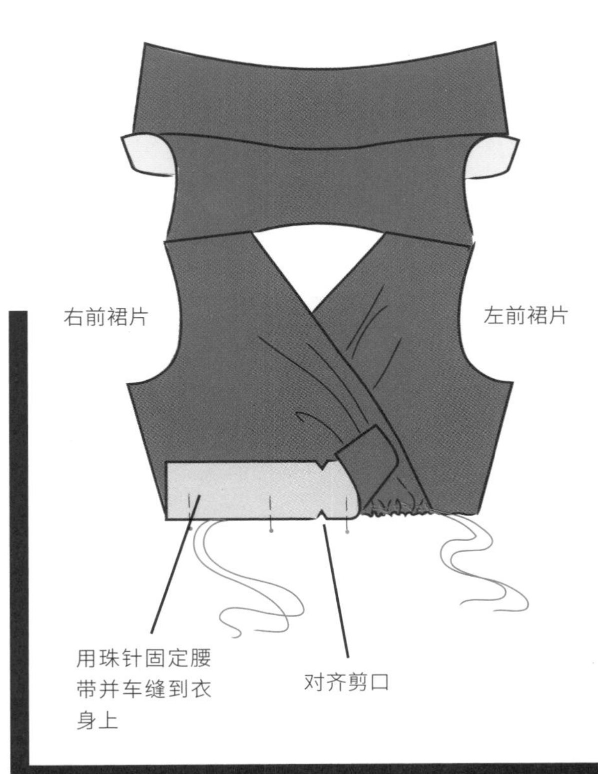

18 将布料正面相对，把衣身的侧缝缝合或锁边，留 1cm（0.375 英寸）的缝份。

19

对齐衣身和半裙上后中心线的剪口，正面相对，然后用珠针固定对位。

20

将前裙片相互叠加包裹，把中心线剪口对齐腰带上的中心线剪口，确保裙右片的末端能够覆盖在裙左片的末端上。用珠针固定位置。

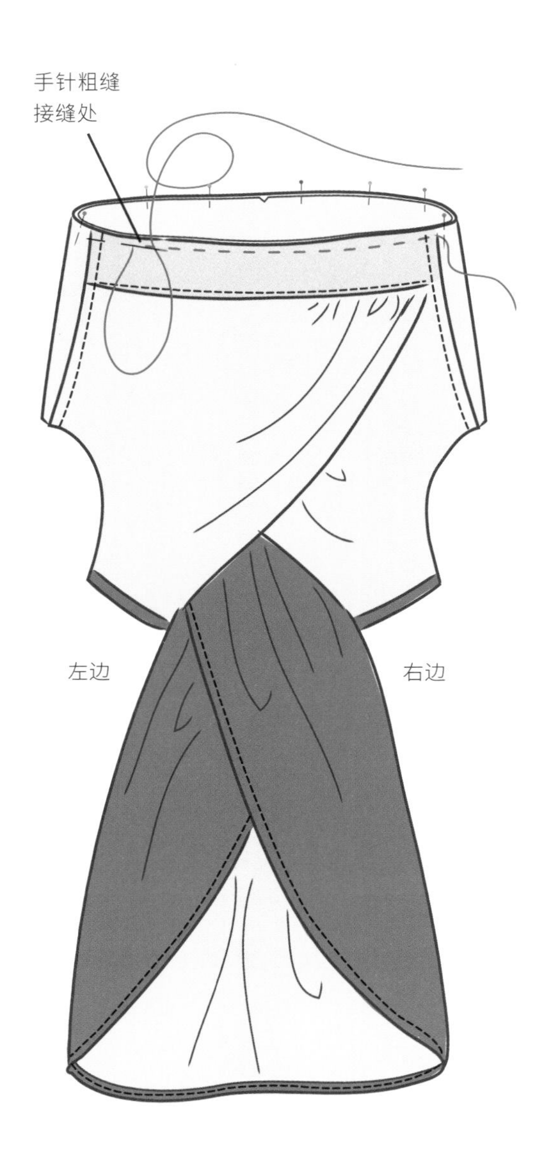

21

把半裙剩下的部分用珠针固定在衣身的腰缝线上，如果需要的话可以拉伸到适当位置。取 1cm（0.375 英寸）的缝份车缝或锁边这条缝线。我强烈建议你先用手缝针粗缝一下，然后再车缝。

22

把袖子的侧缝边做车缝或锁边处理，然后用锯齿锁边或包边袖子的底摆。将底摆折一个单边，然后用双头针车缝或手针暗缝折边。

23

将弹性布料袖子车缝到衣身上会比较容易；将袖子的侧缝和衣身侧缝简单对齐，正面相对，然后对齐肩缝线与袖山中心线上的剪口。用珠针固定这些点上，当把袖子车缝或锁边到衣身上时，袖窿要与袖子一起拉伸。

包身超长裙

说明

一般情况下都是把布料的正面对折起来，除非有特别说明。有一点非常重要，就是对折叠过的折痕进行熨烫以形成明确的折痕。一般情况下会取 1.2cm（0.5 英寸）的宽作为缝份，除非另有说明。

这条包身裙能突破季节的界限，横跨春、夏、秋，还能塑造体形，适合大多数的身材，这恰恰是我最喜欢的。合体的腰带、大V字领和轻盈飘逸的半裙，塑造出优美的身姿。这种宽度适宜的款式适合度假的时候穿。它非常简单直接，没有内衬也没有拉链，但是我肯定它会很受欢迎。你可以尝试不同的长度，把第二半径的肩膀到底摆的长度缩短一点看看。如果是做长款，我推荐一种轻盈、垂坠的布料来做这条裙，例如绸缎。

所需测量尺寸

水平测量尺寸（见16～17页）

- 肩宽
- 前胸宽
- 后胸宽
- 胸围
- 下胸围
- 腰围
- 臀围
- 腕围

垂直测量尺寸（见17页）

- 肩至前胸宽线
- 肩至后胸宽线
- 肩至胸围线
- 肩至下胸围线
- 肩至腰围线
- 肩至臀围线
- 肩至底摆线
- 腋下长

其他测量尺寸（见17页）

- 乳间距
- 裙摆长
- 臂围
- 肘围
- 袖长
- 肘围

所需样板

喇叭裙样板（见46页）
连衣裙样板（见32页）
袖子样板（见54页）

所需布料量

如果你想做超长裙就需要选用幅宽至少150cm的布料

半裙所需布料量

宽边=第二半径长×2
长边=第二半径长+2.5cm（1英寸）

衣身所需布料量

宽边=胸围尺寸+50cm（20英寸）
长边=肩部到腰围的长度+2.5cm（1英寸）

袖子所需布料量

宽边=臂围×2+5cm（2英寸）
长边=袖长+4cm（1.5英寸）

滚条所需额外布料

1.5cm（60英寸）

所需材料与工具

- 织物（布料必须至少150cm［60英寸］长，如果你需要做超长裙那就从布边量到布边）
- 熨烫黏合衬
- 与布料颜色匹配的缝纫线
- 裁布专用剪刀
- 直尺
- 卷尺
- 熨斗和熨烫板
- 布料记号笔
- 缝纫机
- 包缝机（可自选）
- 珠针
- 大针

准备半裙

1 计算出第一半径长度，在你的腰围尺寸上加上 25cm（10 英寸），接着除以 3.14，然后把结果四舍五入到整数或取 0.5。参照 48 页介绍的半喇叭裙样板的制作方法计算出你的第二半径。再次按照喇叭裙样板的制作方法折叠布料，省略绱拉链折叠位。标记第一半径与第二半径的位置，然后沿着标记好的半径线条裁剪所有布层。不要沿着斜折边裁剪因为半裙需要裁成一个整片。先将多余的布料折叠在一起，因为你需要在步骤 15 里面使用这些条纹布料制作滚条。

准备衣身

2 沿着织物的幅宽把衣身布料对折一半。在没有对折的边缘处向下画出一条长为 12.5cm（5 英寸）的直线，一直画到底边上。将折叠的边缘与画好的直线对齐。

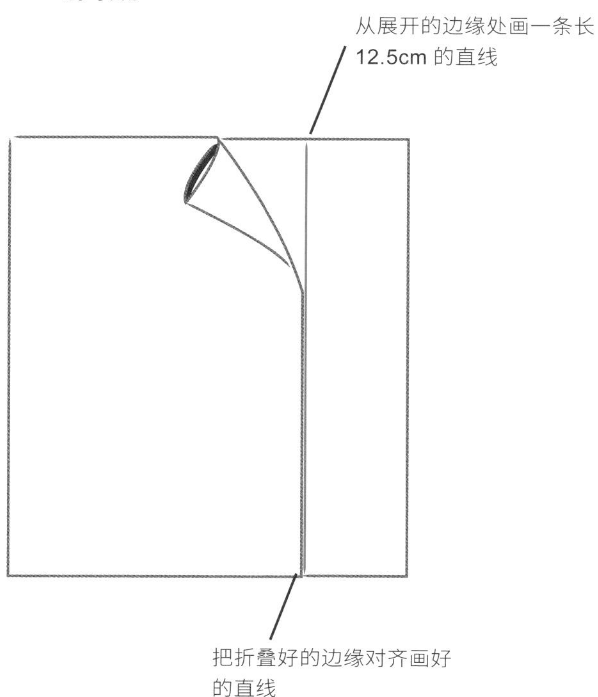

3 参照 34 ～ 36 页连衣裙样板制作的步骤 3 ～ 12，标记出垂直和水平测量尺寸，将肩膀到腰围的尺寸减去 2.5cm（1 英寸），这个长度就是连接衣身和半裙之间的接缝线。裁剪所有的外轮廓线。

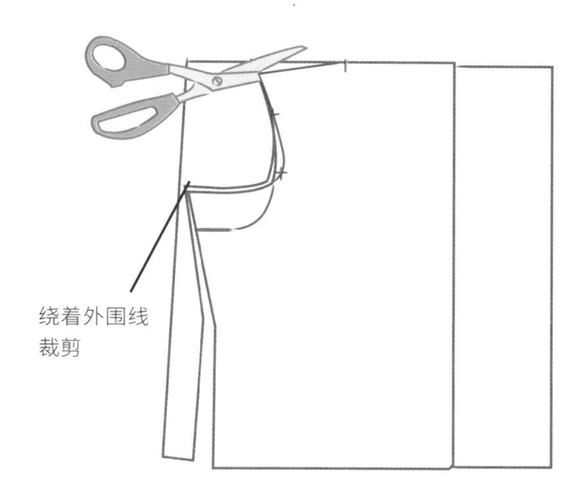

4 把前裙片从后裙片中分出来。按照连衣裙样板的制作步骤 14，把前袖窿的标记转移到前裙片上，并根据每块裁片相应的线条进行裁剪。

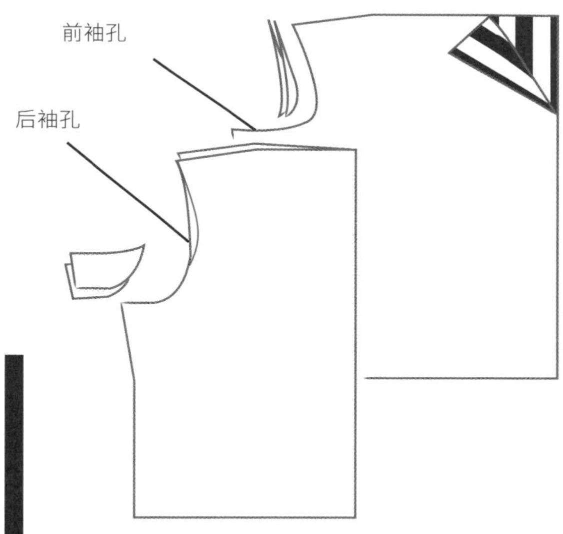

5 在后裙片上裁剪出一个较浅的领口。标准领口长是沿着肩缝线向下 9cm（3.5 英寸）长，后中心线向下 9cm（3.5 英寸）深；对于这条裙子，我建议 9cm（3.5 英寸）长，4cm（1.5 英寸）深。

6 着手做前裙片，在衣片保持折叠的情况下，从内肩缝向下测量出 2.5cm（1 英寸）的长度并标记出来。从这个 2.5cm（1 英寸）的标记开始，测量出内肩缝到腰部的距离再减去 2.5cm（1 英寸）后的长度，然后以这个点为圆心，以这个点往下垂直到衣片边缘的长度为半径画出有间隔的弧线，弧线从肩部延伸至腰部，这样便形成了一个圆弧线。画出一条直线，连接这个中心点和直线边缘上圆弧线的末端处。

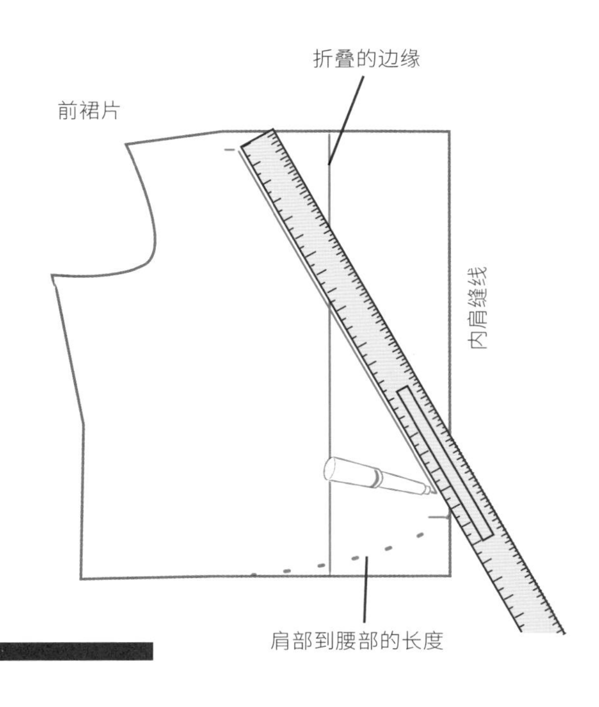

在画好的直线与裁剪的边缘交点处打剪口

7 沿着这些线裁剪，在第 2 步骤中所画直线的顶部和底部打个剪口，这条直线代表着前中心线。

前中心线

8 保持裁片的折叠状态，把后片放在前片上，对齐中线。参照 37 ～ 38 页连衣裙样板的制作步骤 15～22，标记并车缝垂直省和侧胸省，调整前袖笼。

9 对于腰带，需要从额外的布料中裁剪出一条宽 5cm（2 英寸），长度为腰围尺寸再加上 25cm（10 英寸）的布条。按照同样的尺寸裁剪出黏合衬，并且将其熨在布料的反面。沿着两条长边，在布条中心处打剪口，并从每条短边进来 12.5cm（5 英寸）的地方打剪口。

10 把前裙片互相重叠，正面朝上，对齐前中心线位置的剪口。用珠针在两块前片的前中心线剪口之间固定并钉出一条直线。

前裙片

准备半裙制作

11 将布料正面相对，把前裙片放在后裙片上方。缝合肩缝，留出 1.2cm（0.5 英寸）的缝份，缝合侧缝并留出 2cm（0.75 英寸）的缝份。把侧缝做锁边缝或 Z 字缝处理。

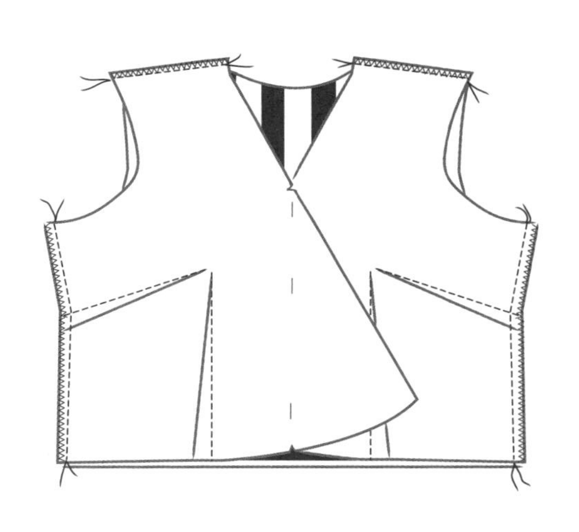

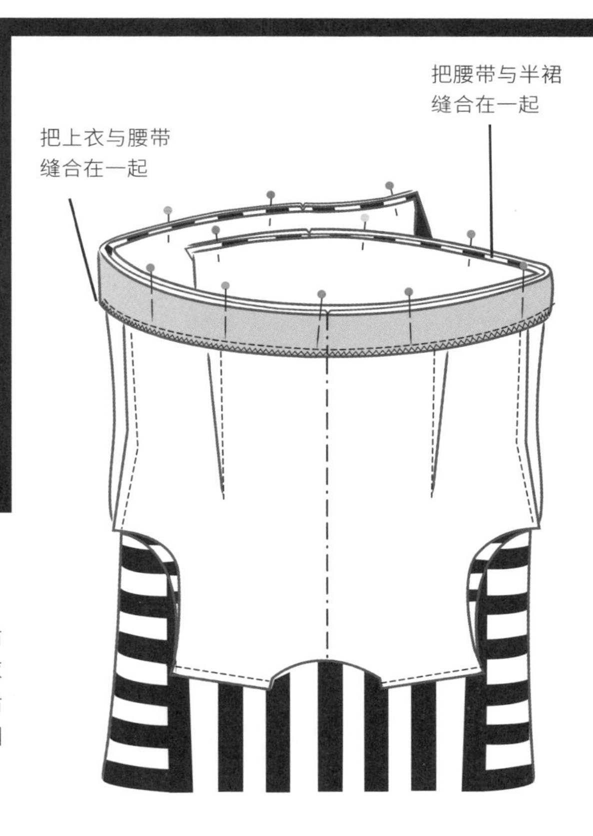

12 取出前衣身部分的珠针。把衣片正面相对，对齐后中心线和剪口，用珠针固定，然后把腰带缝合到衣身的腰位处，做锁边缝或 Z 字缝处理。把半裙的后中心折叠线和腰带的后中心线剪口对齐，用珠针固定，以同样的方法把半裙车缝到腰带的底部边缘处，然后把接缝做锁边缝或 Z 字缝处理。

制作滚条

13 现在你需要制作一些滚条，每条需要大约70cm（27英寸）长。从制作半裙剩下的布料中挑些好的出来，最好能够一片成形，然后将其裁剪成一半，这样就能用一些较小片的布来制作滚条。做一个90度角的折叠，对齐直边，然后熨烫。画一条线平行于折痕，并相距折痕4cm（1.5英寸）。沿着线条裁剪，然后沿着折痕裁剪。

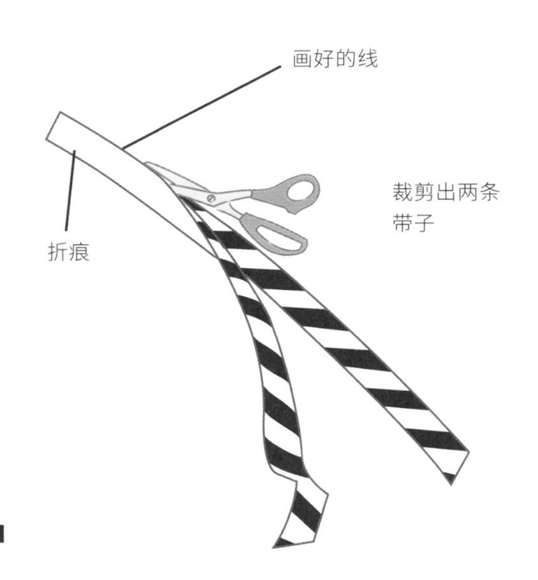

14 将每条布条对折一半，正面相对并车缝，取6mm（0.25英寸）的缝份。取一支大针穿线，在滚条倾斜的末端把线的末端打个结，然后一直推着手针的末端穿过整条布条。轻轻地拉手针并把滚条的正面翻出来。在滚条的直边末端打结以做结束。

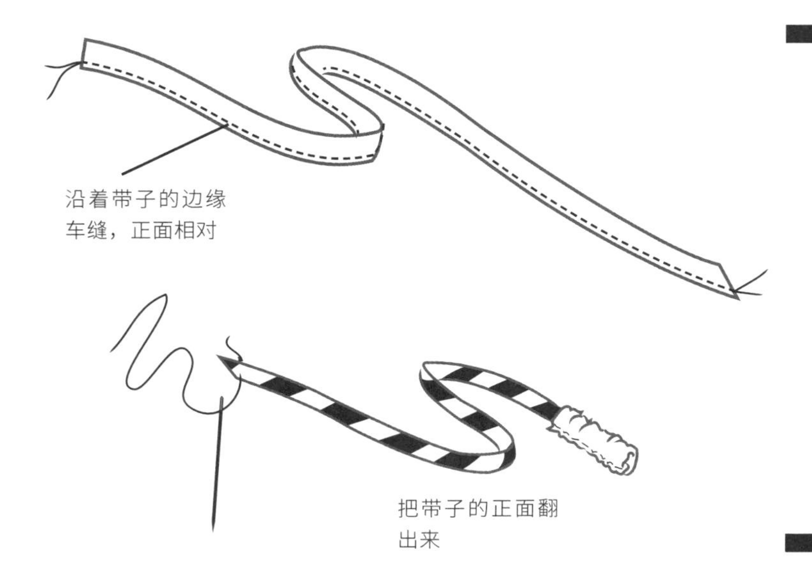

说明

有的人喜欢把滚条的接缝线放在后面的中间位置然后熨烫定型，这样正面便不会露出接缝。我一般不熨烫，我觉得这些滚条的原样很好，只要它们不是完全扁形的就会显得更加三维立体，像一排排小管子一样。

15 使用剩下的另一半布料，重复 13 ～ 14 的步骤再裁剪出两条滚条，这次裁剪成 10cm（4 英寸）宽和大约 62cm（24 英寸）长。把滚条倾斜的末端都缝合起来，然后用一支钢笔插进去把正面翻出来。把这些宽一点的带子放到一边，然后将四条滚条开口的末端都做锁边缝或 Z 字缝处理。

16 把其中一条较窄的滚条锁边，末端钉缝在右前裙片的内侧缝上，刚好位于腰带上方。把另一条较窄的滚条钉缝在左裙前片的腰带顶端边缘，刚好在裙子的正面处。在每条滚条的末端，纵向车缝两行平行线以保证它们不会松动移位。

17 把其中一条宽的滚条钉缝在右前裙片边缘的腰位水平线上，恰好在裙子的右边。沿着左前裙片的侧缝线对齐另一条宽滚条的锁边边缘，并朝向后裙片。在滚条锁边边缘内侧纵向车缝 1.2cm（0.5 英寸）使其固定。

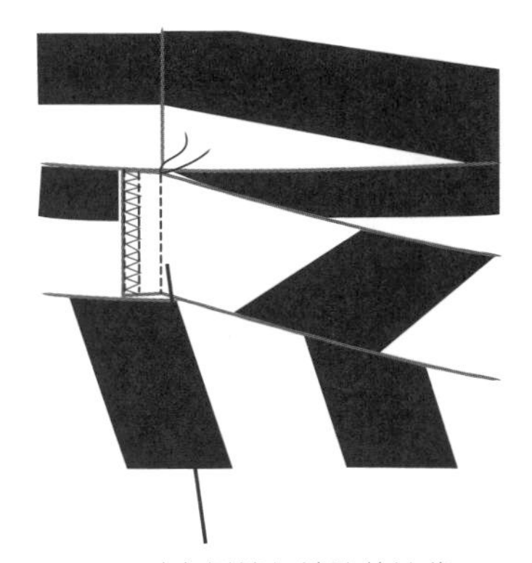

18 把滚条的背面翻过来对着前裙片，在距离第一条缝线 1.2cm（0.5 英寸）的地方再次纵向车缝，然后在原来的纵向缝线之间横向车缝两条长 3mm（0.125 英寸）的平行线。

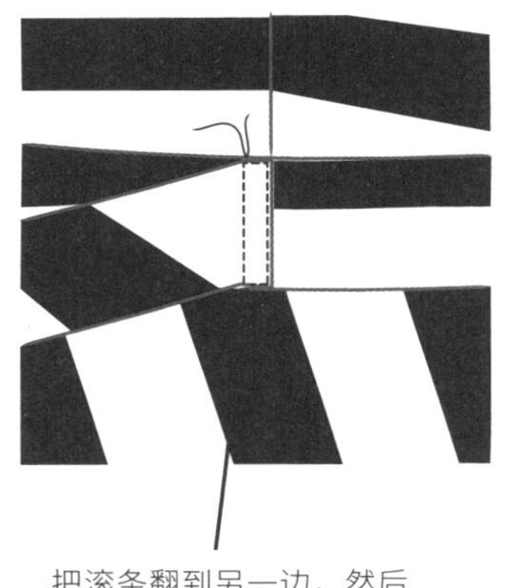

把滚条翻到另一边，然后在上面车缝两道平行线

19 从前底摆开始，沿着边缘做锁边缝或 Z 字缝处理，保持一个方向连续锁边至半裙上边缘，然后到领围线，接着回到另一边的前底摆。用窄型卷边机把整个边缘再缝一遍（见 12 页）。

制作袖子并装袖

20 按照袖子样板（见 54 页）的制作方法进行裁剪，并把两只标准袖子装上。

交叉式上衣

说明

通常只需将布料的正面对折起来，除非有特殊说明。有一点非常重要，就是对折叠过的折痕进行熨烫以形成明确的折痕。一般情况下会取 1.2cm（0.5 英寸）的宽作为缝份，除非另有说明。

有时候我想，有没有不用穿常规衬衫就能让自己看起来非常时髦的款式（你可能已经注意到我从来都不遵循传统的方式！）。对于这个款式，我选择了一种白色的衬衫棉布，这是我制作常规衬衫上的一个小伎俩。对于办公室里的时尚人士来说，搭配这个款式的下装可以是一些锥形裤或阔腿裤。不要被我选择的布料限制你自己的想法，比如选一些鲜艳的亮片布料会不会有截然不同的效果呢？

所需测量尺寸

水平测量尺寸（见 16 ～ 17 页）

- 肩宽
- 前胸宽
- 后背宽
- 胸围
- 下胸围
- 腰围
- 臀围
- 腕围

垂直测量尺寸（见 17 页）

- 肩至前胸宽线
- 肩至后背宽线
- 肩至胸围线
- 肩至下胸围线
- 肩至腰围线
- 肩至臀围线
- 肩至底摆线
- 腋下长

其他测量尺寸（见 17 页）

- 乳间距
- 臂围
- 肘围
- 袖长
- 肘长

所需样板

连衣裙样板（见 32 页）
袖子样板（见 54 页）

所需布料量

衣身布料量

宽边 = 最大水平测量尺寸＋56cm（22 英寸）
长边 = 肩部到底摆的长度＋5cm（2 英寸）

袖子布料量

宽边 = 臂围 ×2 ＋12.5cm（5 英寸）
长边 = 袖长＋4cm（1.5 英寸）

所需工具

- 布料
- 隐形拉链
- 裁布专用剪刀
- 卷尺
- 布料记号笔
- 珠针
- 斜裁滚条
- 与布料颜色匹配的缝纫线
- 直尺
- 熨斗和熨烫板
- 缝纫机
- 隐形拉链压脚（可自选）

1 前片和后片需要分别裁剪。沿着宽边把衣身对折一半。沿着宽边再次把其中一块衣片对折一半，然后沿着相对的边缘折叠并熨烫出一条宽 2.5cm（1 英寸）的绱拉链折叠位，把两层布料一起折叠，这条折痕就是后中心线，顶端的边缘就是肩缝线，底部的边缘就是底摆线。

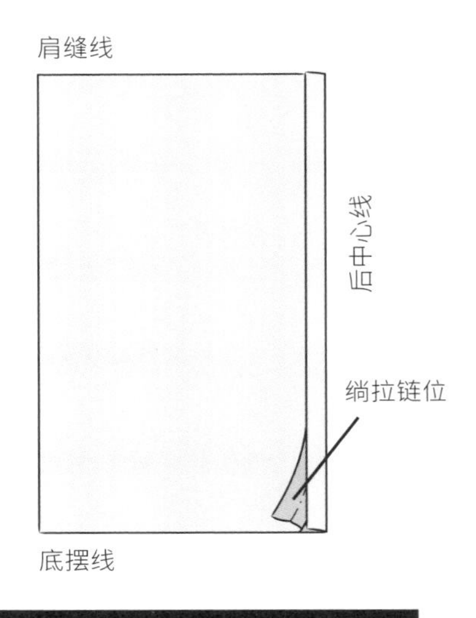

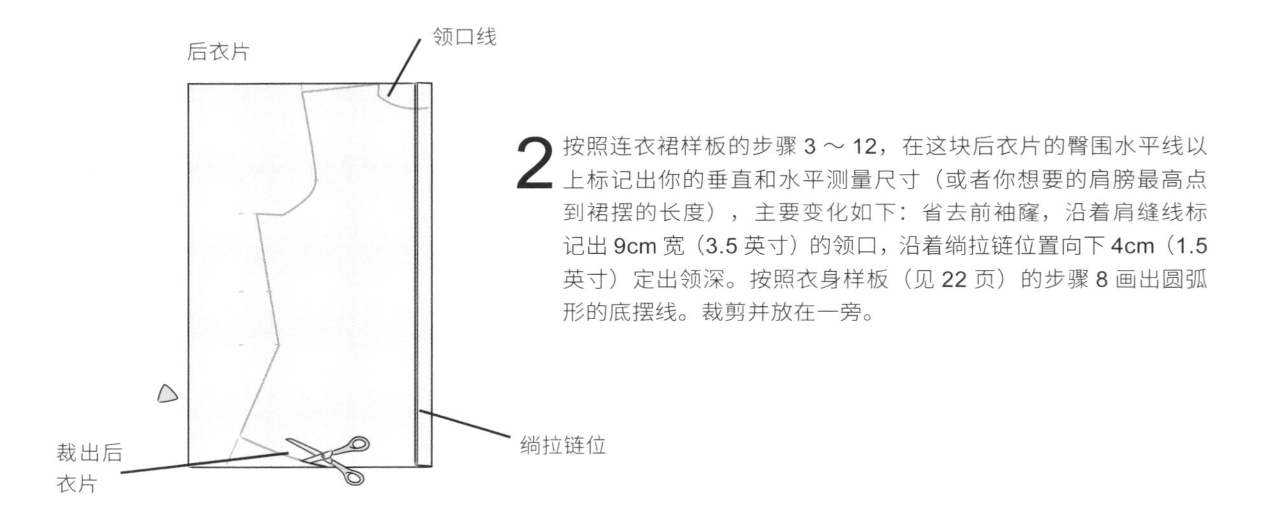

2 按照连衣裙样板的步骤 3 ～ 12，在这块后衣片的臀围水平线以上标记出你的垂直和水平测量尺寸（或者你想要的肩膀最高点到裙摆的长度），主要变化如下：省去前袖窿，沿着肩缝线标记出 9cm 宽（3.5 英寸）的领口，沿着绱拉链位置向下 4cm（1.5 英寸）定出领深。按照衣身样板（见 22 页）的步骤 8 画出圆弧形的底摆线。裁剪并放在一旁。

3 沿着宽边把剩下的衣身布片对折一半。把剪出来的后衣片放在上面，底层布料对折的位置对齐后衣片的绱拉链折叠位。沿着腰围线折叠后衣片。在底层布料上画一条与后衣片腰围线折叠位置平行的直线，这条直线距离后衣片腰围线 1.2cm（0.5 英寸），然后沿着这条线裁剪。

折痕
后衣片
沿着腰围线折叠后衣片
画出一条与腰带平行的直线并裁剪

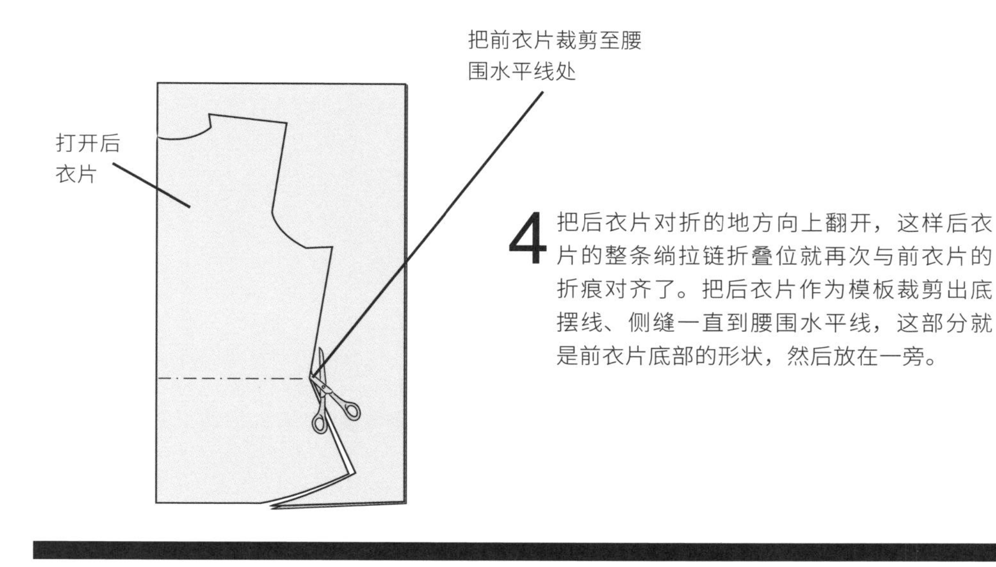

4 把后衣片对折的地方向上翻开，这样后衣片的整条绱拉链折叠位就再次与前衣片的折痕对齐了。把后衣片作为模板裁剪出底摆线、侧缝一直到腰围水平线，这部分就是前衣片底部的形状，然后放在一旁。

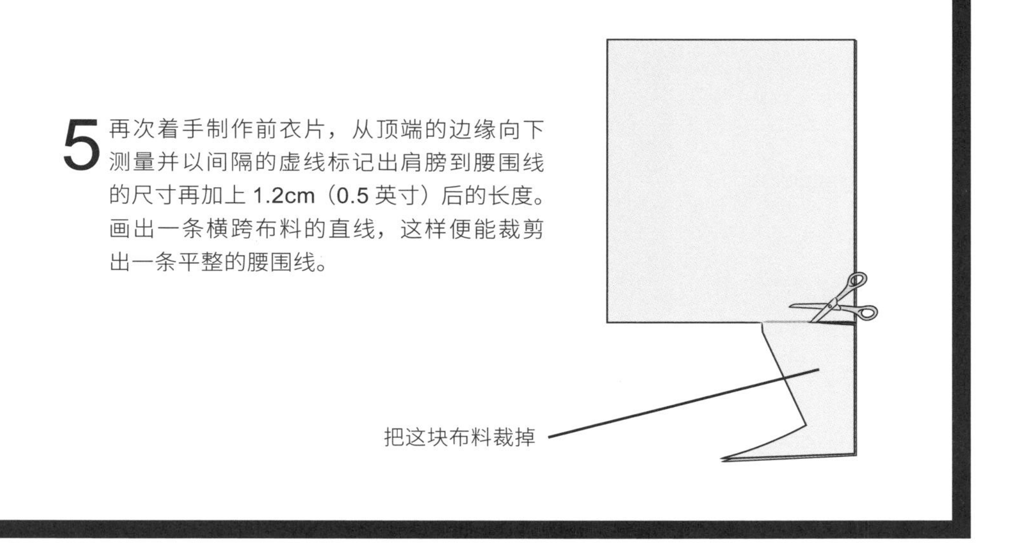

5 再次着手制作前衣片，从顶端的边缘向下测量并以间隔的虚线标记出肩膀到腰围线的尺寸再加上 1.2cm（0.5 英寸）后的长度。画出一条横跨布料的直线，这样便能裁剪出一条平整的腰围线。

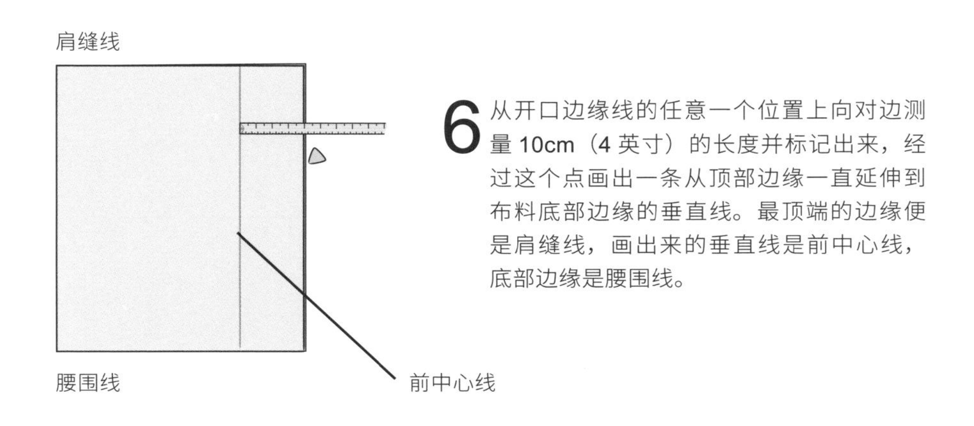

6 从开口边缘线的任意一个位置上向对边测量 10cm（4 英寸）的长度并标记出来，经过这个点画出一条从顶部边缘一直延伸到布料底部边缘的垂直线。最顶端的边缘便是肩缝线，画出来的垂直线是前中心线，底部边缘是腰围线。

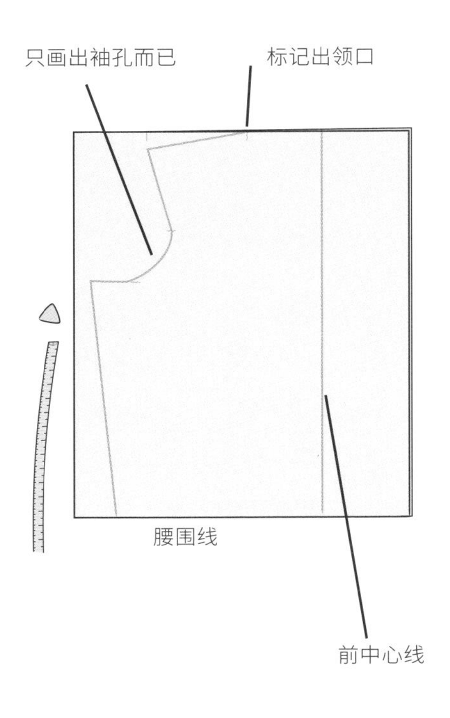

7 按照连衣裙样板的制作步骤 3 ～ 12，测量并标记出垂直和水平尺寸。这是前身部分，因此这时应该忽略后袖窿，并且只在肩缝线上标记出领口，距离前中心线 9cm（3.5 英寸）。

8 从肩缝线上 9cm（3.25 英寸）记号的位置开始，向下测量至腰围线再加上 1.2cm（0.5 英寸）的长度。同样从这个肩缝线上 9cm 的点开始，以它为圆心，以刚才标记的长度为半径，从这个点开始旋转画出间隔的弧形虚线，一直到布料的垂直边缘处。这将会形成一条弧线。画一条直线将肩缝线上的标记点与弧线在布料垂直边缘上的相交点连接起来。沿着腰围线上的中心线打剪口，然后沿着这些线裁剪。

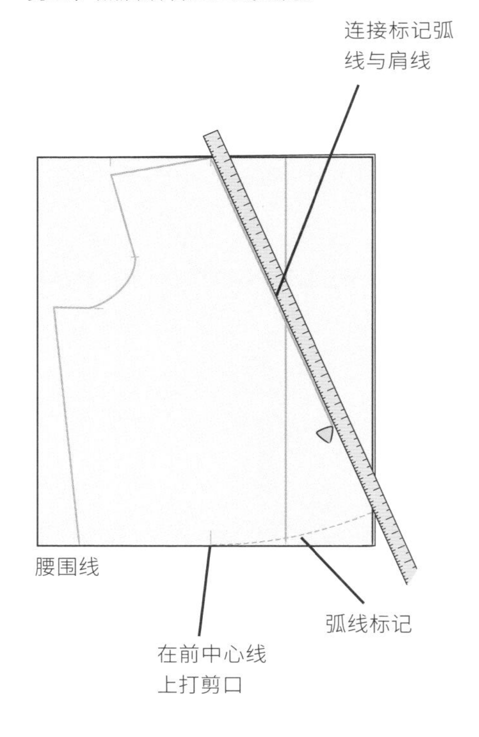

9 如图所示把前衣片这样放置。

底部部分（在步骤 4 中这个部分是被裁剪掉并放在一旁的）

10 将后衣片放在前衣片上，把前衣片画出来的中心线与后衣片的中心折叠线对齐。按照连衣裙样板的制作步骤15～21，标记出垂直省与侧胸省。记住，无论如何，沿着前衣片的腰线位置要有一道分割线；当在前衣片画垂直省时，先在腰围接缝线的止口上画出一条长1.2cm（0.5英寸）的线，使省道线经过它慢慢朝上下两个方向做调整。

11 把前衣片和后衣片的省道车缝，然后把省道用熨斗向外侧熨烫。注意不要把前后衣片上的中心折痕熨平了。

12 着手做后衣片，从领口线开始车缝绱拉链折叠位，大致7.5cm（3英寸）长，以便固定。

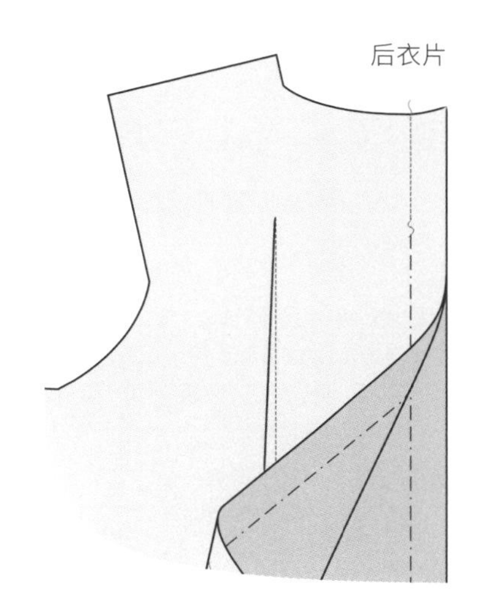

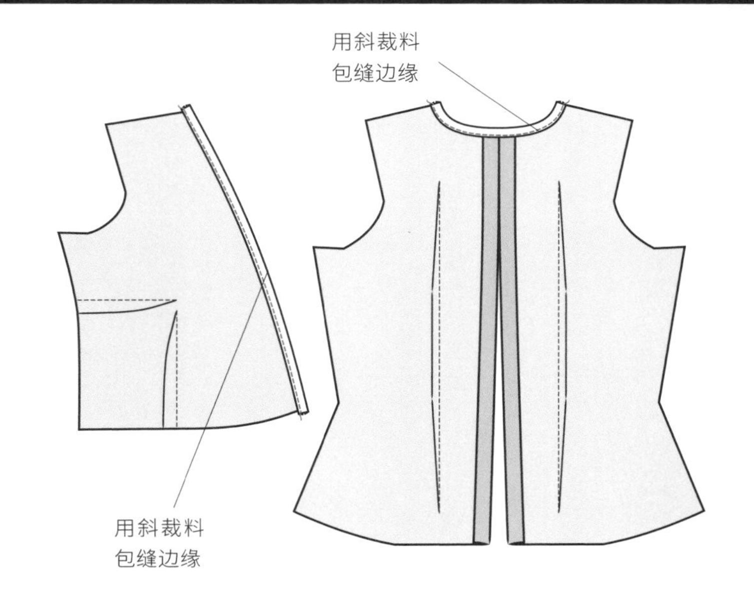

13 用现成的斜裁料去包缝后领线与前衣片的前中心线边缘处（见11页）。

14 把两块衣片正面向上，对齐剪口，右前衣片交叉在左前衣片上方，然后用珠针固定在一起。

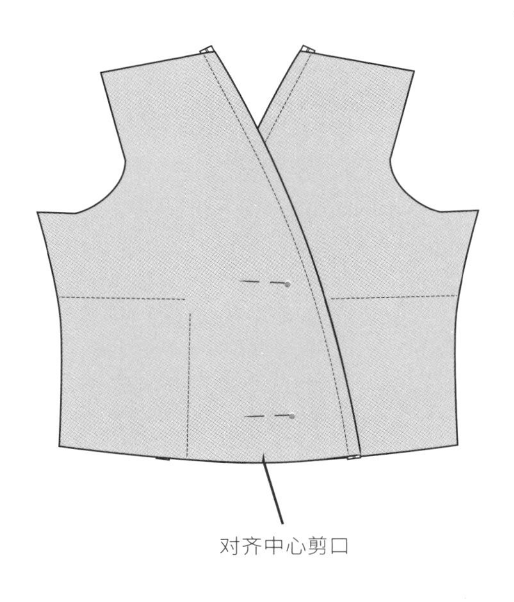

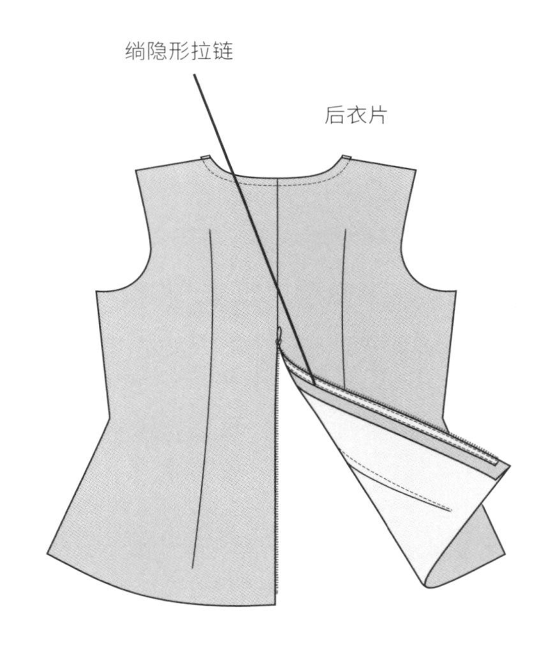

15 把衣片正面相对，对齐前衣片底部中心折叠处的剪口，用珠针固定并沿着腰围线车缝底部。现在你的上衣前片已经合成一片了。

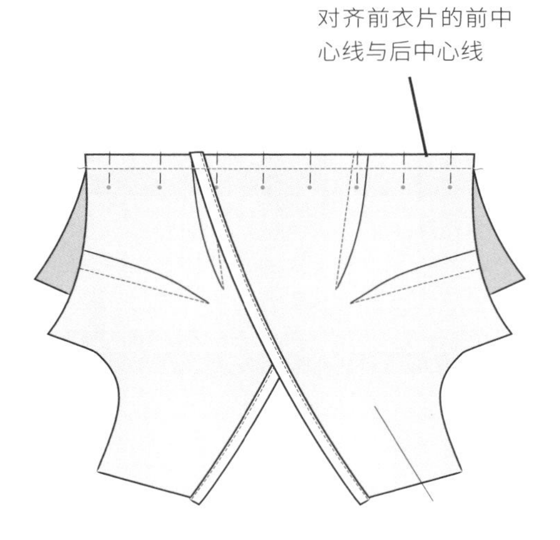

16 在后衣片的展开部分装上一条隐形拉链（见 13 页），将拉链倒置过来装进去，如图所示，从底边以上 2.5cm（1 英寸）的地方开始。当拉链闭合时，拉链拉片应该位于布料边缘的底端。

17 把布料正面相对，前衣片放在后衣片上面，确保前中心线与后中心线能够对齐。用珠针把侧边固定。从中心开始着手，沿着两边的侧缝测量和标记你的胸围等分 4 等份后的各个定点。用同样的方法标记下胸围、腰围、臀围，然后把所有的记号连接起来。车缝侧缝和肩缝。

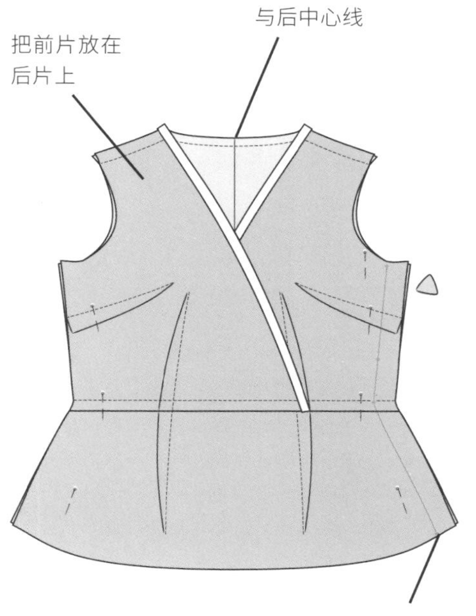

18 按照袖子样板的制作步骤 1 ～ 7 裁剪袖子（见 56 ～ 57 页）。参照 58 页中一只标准合体袖的袖山上袖方法进行装袖。

19 用卷边机车缝袖子与上衣（见 12 页）。

说明

通常只需将布料的正面对折起来，除非有特殊说明。有一点非常重要，就是对折叠过的折痕进行熨烫以形成明确的折痕。一般情况下会取 1.2cm（0.5 英寸）的宽作为缝份，除非另有说明。

山形斜纹无领夹克

这个款式是衣橱里的百搭单品，可随意搭配一条牛仔裤和背心。简洁的线条和简单的设计使其更具有创意性，相较沉闷乏味的套装，穿上它能让你神采奕奕。我选择了一款流行色和蜡印的印花来展示这件衣服的多样性。这款印花以水平的线条图案为特点，我把它做成了山形斜纹的效果。要达到这种效果不用浪费太多的布料，我用了涤棉布料做了一个模板。我强烈推荐把V形图案的尖端指向下方，因为这样做可以让腰部看起来更纤细。

所需测量尺寸

水平测量尺寸（见16～17页）

- 肩宽
- 前胸宽
- 后背宽
- 胸围
- 下胸围
- 腰围
- 臀围
- 腕围

垂直测量尺寸（见17页）

- 肩至前胸宽线
- 肩至后背宽线
- 肩至胸围线
- 肩至下胸围线
- 肩至腰围线
- 肩至臀围线
- 腋下长

其他测量尺寸（见17页）

- 乳间距
- 臂围
- 肘围
- 袖长
- 肘长

所需样板

衣身样板（见22页）
袖子样板（见54页）

所需布料量

涤棉布

宽边＝最大水平测量尺寸＋35cm（14英寸）
长边＝肩部到臀部的长度＋2.5cm（1英寸）

夹克布料量

宽边＝臀围尺寸＋35cm（14英寸）
长边＝肩部到底摆的长度＋7.5cm（3英寸）

里布布料量

宽边＝臀围尺寸＋35cm（14英寸）
长边＝肩部到底摆的长度＋7.5cm（3英寸）

袖子布料量

宽边＝臂围尺寸×2＋5cm（2英寸）
长边＝袖长＋4cm（1.5英寸）

所需工具

- 涤棉布
- 面布
- 里布
- 可熨烫黏合衬
- 与布料颜色匹配的缝纫线
- 裁布专用剪刀
- 直尺
- 卷尺
- 熨斗和熨烫板
- 布料记号笔
- 缝纫机
- 手缝针
- 珠针

制作模板

1 把涤棉布料沿着幅宽对折一半。在距离折边相对的边缘 2.5cm（1 英寸）的地方画一条与布料长度相同的垂直线。最顶端的边缘是肩缝线，最底的边缘是底摆线，画出来的垂直线是前中心线和后中心线。按照 24 ～ 27 页的衣身样板制作步骤 3 ～ 12，测量和标记垂直和水平测量尺寸，包括领口的内边缘，但是要省略掉领孔。

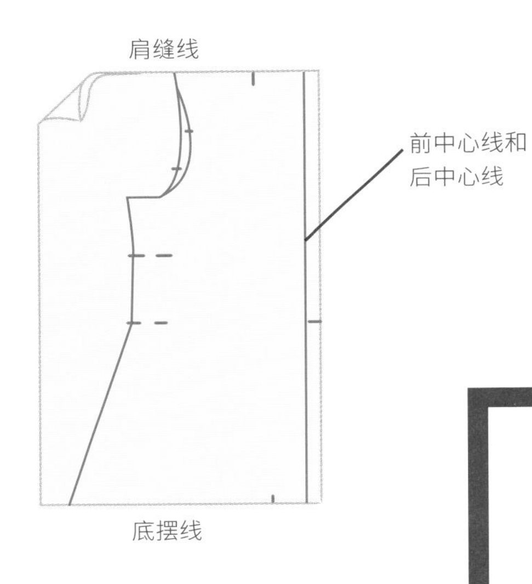

2 为了画出后领孔，先沿着位于肩缝线的中心线下方测量和标记 4cm（1.5 英寸）的长度。沿着肩缝线（领口的内边缘）画出一个弧线，连接至刚才 4cm 的第一个标记处。

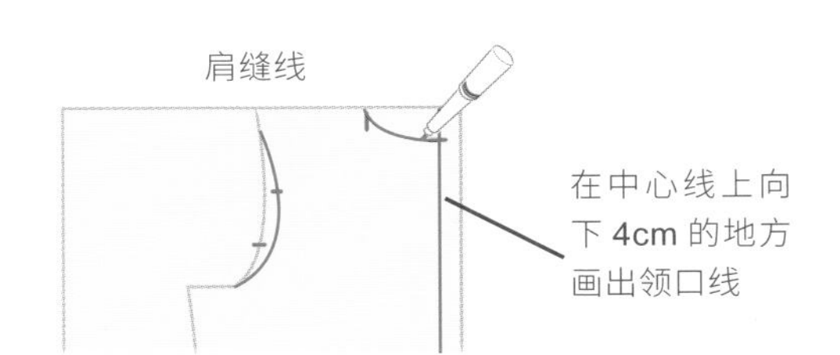

3 为了画出前开襟，先沿着开口的边缘测量和标记出肩膀到腰部的尺寸再加上 1.2cm（0.5 英寸）后的长度。画一条直线，连接肩缝线与这个标记。从中心线向外量出 5cm（2 英寸）的长度并做标记。然后沿着开口的边缘画出一条连接两个标记点的直线。

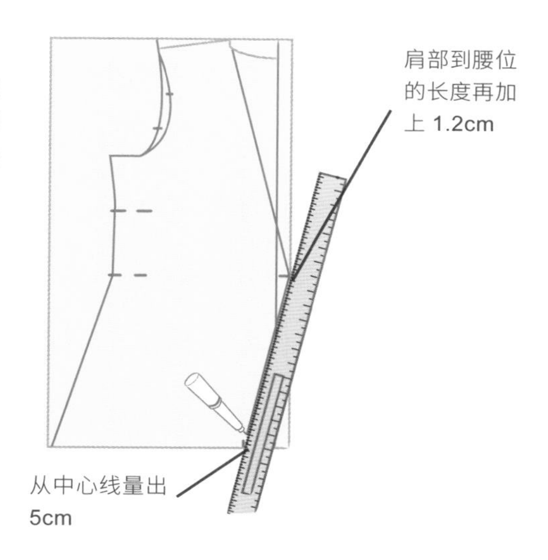

后衣片　　前衣片

4 沿着所有的外部标记点连线，把所有布层都裁剪开来。然后将两块衣片分开，分别把每块裁片过多的地方修剪掉。

5 使用这些模板把你的时尚布料裁出衣片，你不需要额外的缝份，可以直接按照模板的尺寸来裁剪布料。

制作山形斜纹图案

6 沿着长边把面布对折一半，正面相对，确保图案的线条要对好位。把模板用珠针沿着斜裁的方向固定，这样图案的线条就会在模板上以 45° 的对角线方向展示。裁剪裁片并沿着后中心线边缘加入 1.2cm（0.5 英寸）的缝份。

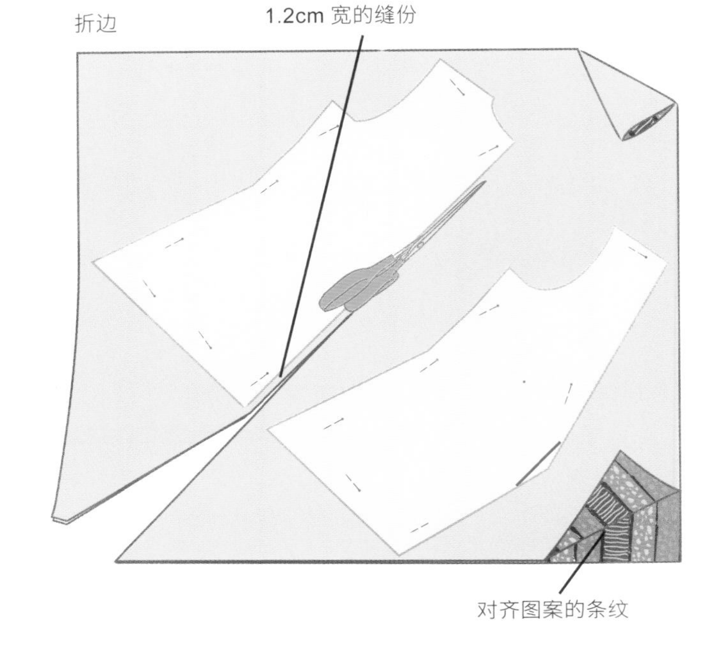

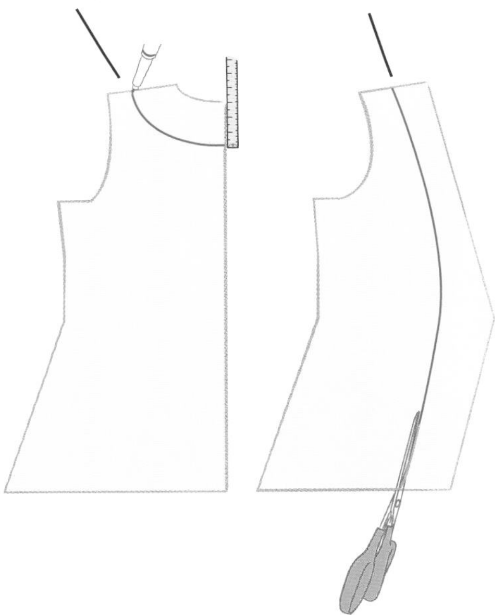

7 为了绘制领口和前中心线的贴边模板，把模板从面布上面移开，然后在模板的后领孔与前襟的周边标记 7.5cm（3 英寸）宽的贴边。在前片部位，从画好的前中心线开始测量，而不是从交叉的尖端部分开始测量。沿着画好的线裁剪。

8 把你的贴边模板放在面布上（如果你想要做出山形斜纹的效果就以斜向放置），然后绕着边缘裁剪，沿着被裁剪的边缘及领口部分的后中心边缘加入 1.2cm（0.5 英寸）的缝份。模板剩下的部分将会用于制作里布模板。

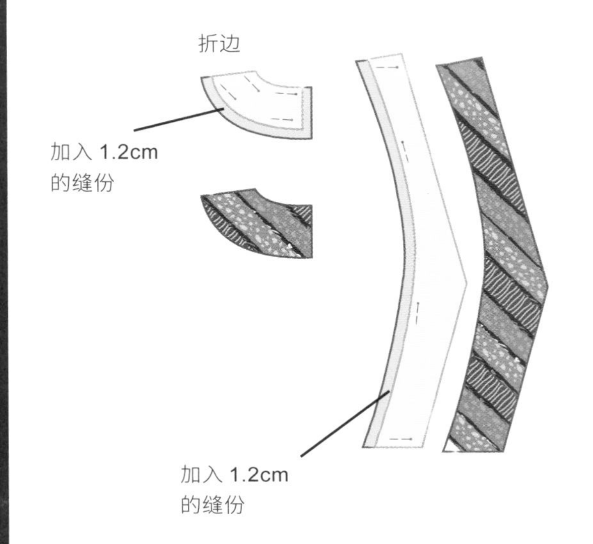

裁剪里布

9 沿着幅宽把里布布料对折一半。把模板钉在布料上，使后中心线与折叠的位置对齐。沿着模板外轮廓裁剪，在被裁剪的边缘上加上1.2cm（0.5 英寸）的缝份。

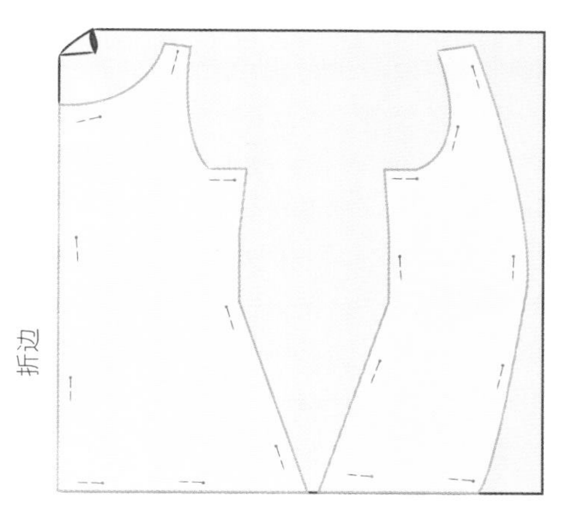

10 把后片的面布正面相对放在一起，车缝后中心线接缝，用熨斗把接缝熨开。用面布作为模板，裁剪出同样尺寸的黏合衬，然后把黏合衬熨在夹克衣片的反面。

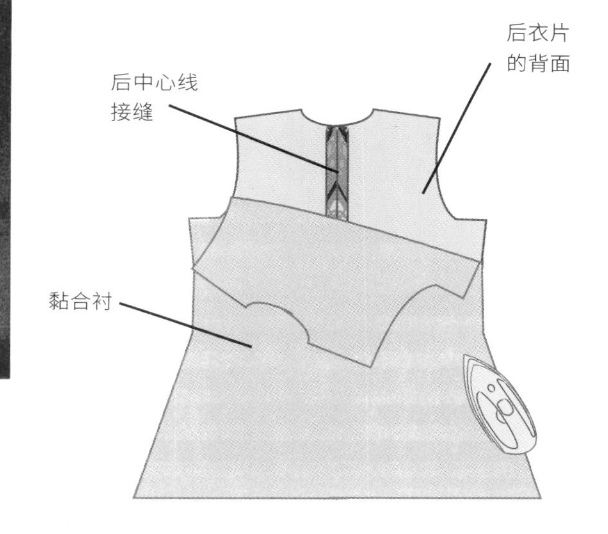

11 将布料正面相对，把贴边车缝到里布衣片上，沿着后领线较低的边缘与前中心线贴边的里侧边缘车缝。把贴边从里布的正面翻过来熨烫，使里布与贴边的正面都朝上。修剪领口接缝处较低边缘的缝份。

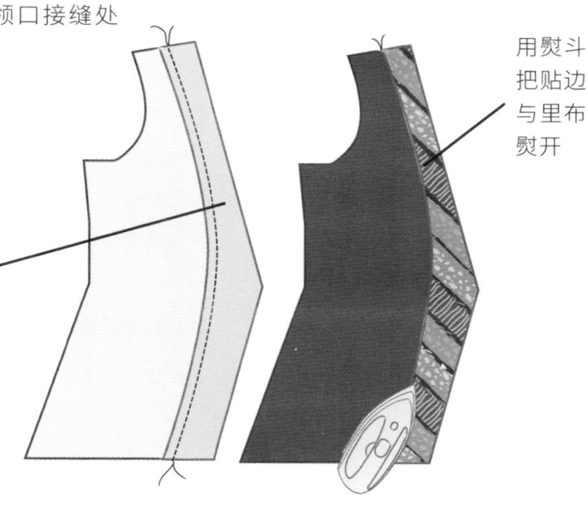

缝合夹克

12 按照衣身样板的制作步骤 15 ～ 24（见 28 ～ 30 页）做标记，车缝垂直省和侧胸省。里布的制作按照同样方法完成。

款式变化

如果觉得搭配山形斜纹很困难，你可以选择一个素色布料。如 161 页所示的款式，我选择的是一种亮黄色布料，带有图案的里布可以给任何套装带来非常出挑的色彩。

13 把后里布放在后衣片上，布料正面相对。沿着领线和底摆线车缝，然后修剪领围线。把接缝用暗包缝缝到里布中（见 10 页）并熨烫，然后翻过来使夹克的面布反面与里布反面相对。

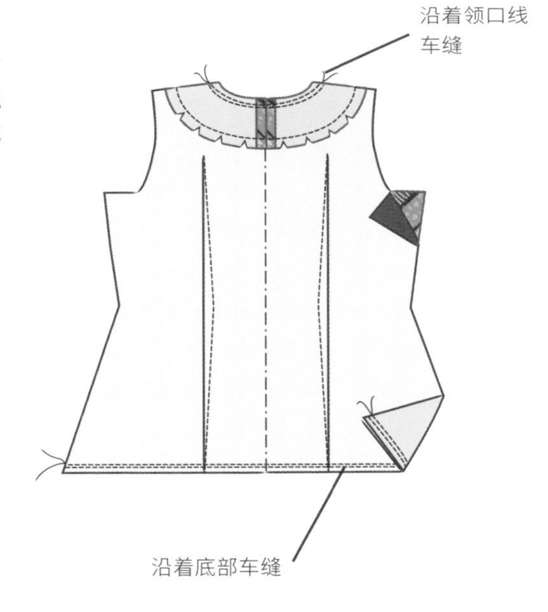

14 把布料正面相对，里布衣片放在对应的前衣片上。沿着前中心线边缘车缝，然后在腰线水平位置处修剪交叉点。把接缝用暗包缝缝到里布中并熨烫。把布料翻过来以使夹克的面布与里布反面相对，然后沿着底摆线车缝。修剪衣角，把接缝用暗包缝缝到里布中并熨烫。

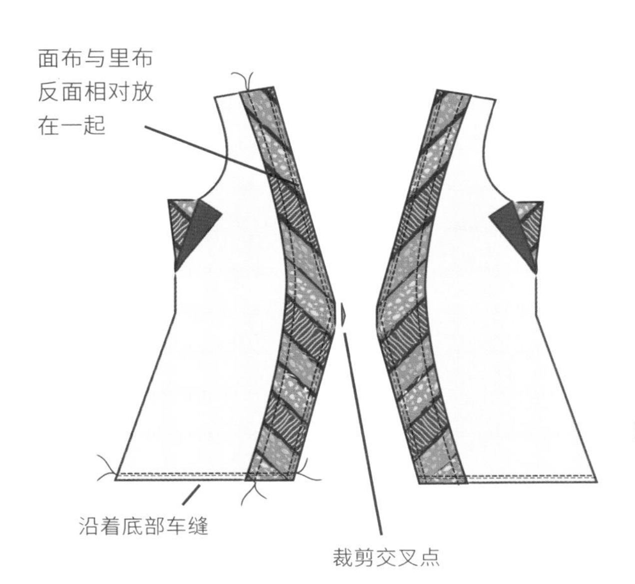

15 把布料正面相对，毛边对齐，夹克的前衣片放在后衣片上。把里布卷起推到一边，仅仅把面布的侧缝缝合在一起。然后里布也是同样做法，但是要在其中一边的侧缝上留下一个 15cm（6 英寸）的缺口不缝合。

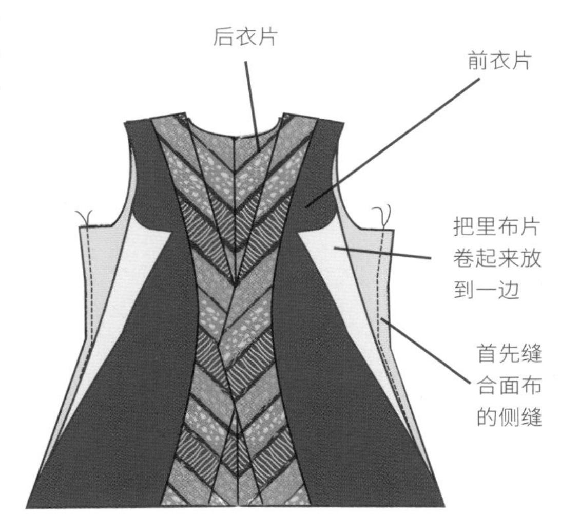

16 把面布的肩缝与里布的肩缝一起车缝。修剪面布与里布的接缝连接处，以减少布料的堆积与厚度。

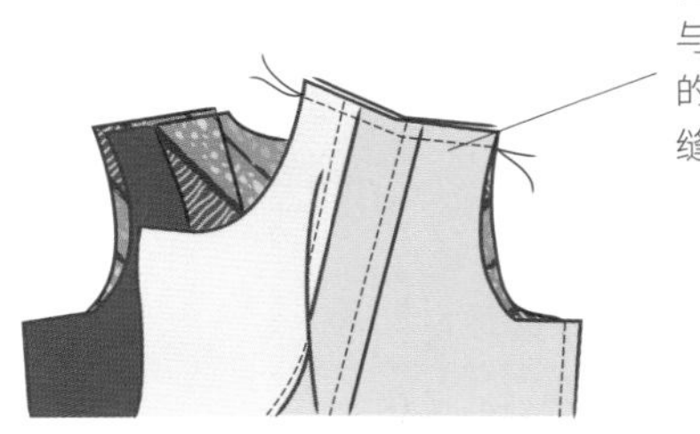

17 按照合体盖肩袖的制作方法（见 58 页），裁剪出一对面布的袖子与一对里布的袖子。车缝并装袖子，里布袖子对应里布的最高点，面布袖子对应面布的最高点，按照本书 58 页的说明来制作。

18 在布料正面相对，侧缝对齐的情况下，把里布袖口车缝到面布袖口上。

19 从里布侧缝留下的缺口处把夹克的正面翻出来。测试夹克的合体度并且做出必要的调整。如果你对夹克合体度满意的话，就可以用手针把缺口用暗针缝起来了。

不对称腰部褶饰夹克

这款夹克非常适合在正式场合或休闲场合中穿着，但这由你对布料和合体度的选择来决定，你可以穿上这件夹克在白天上班或晚上娱乐。我喜欢穿着时髦，但这只是以我自己的标准来看。这件夹克衣领的裁剪方法曾经难倒我了，因为有一次我在做这个款式时犯了一个错误，那次失败的经历对我打击很大而且难以释怀。我真的很希望你也会喜欢这件夹克的衣领。

所需测量尺寸

水平测量尺寸（见 16 ～ 17 页）

- 肩宽
- 前胸宽
- 后背宽
- 胸围
- 下胸围
- 腰围
- 臀围
- 腕围

垂直测量尺寸（见 17 页）

- 肩至前胸宽线
- 肩至后背宽线
- 肩至胸围线
- 肩至下胸围线
- 肩至腰围线
- 肩至臀围线
- 腋下长

其他测量尺寸（见 17 页）

- 乳间距
- 裙摆长度
- 臂围
- 肘围
- 袖长
- 肘长

所需样板

衣身样板（见 22 页）
全喇叭裙样板（见 50 页）
袖子样板（见 54 页）

所需布料量

宽边 = 第二半径长度 ×2 ＋91.5cm（1 码）
长边 = 从布边到布边之间不少于 145cm（58 英寸）的长度

所需工具

- 面布
- 里布
- 轻度或中度重量的熨烫黏合衬
- 与布料颜色匹配的缝纫线
- 纽扣
- 裁布专用剪刀
- 直尺
- 卷尺
- 熨斗和熨烫板
- 布料记号笔
- 缝纫机
- 珠针

说明

通常只需将布料的正面对折起来，除非有特殊说明。有一点非常重要，就是将折叠过的折痕进行熨烫以形成明确的折痕。一般情况下会取 1.2cm（0.5 英寸）的宽作为缝份，除非另有说明。

制作模板

1 按照本书24页的衣身样板制作步骤1和2折叠面布。按照衣身样板的制作步骤3～12，省略步骤8，测量和标记从肩膀到腰围水平线的垂直与水平的尺寸。把前中折叠线翻开。从肩缝线以对角向下倾斜的方向越过中心折痕画出领围线。裁剪衣片，沿着后袖窿的标记裁剪，但是不要裁剪领围线。

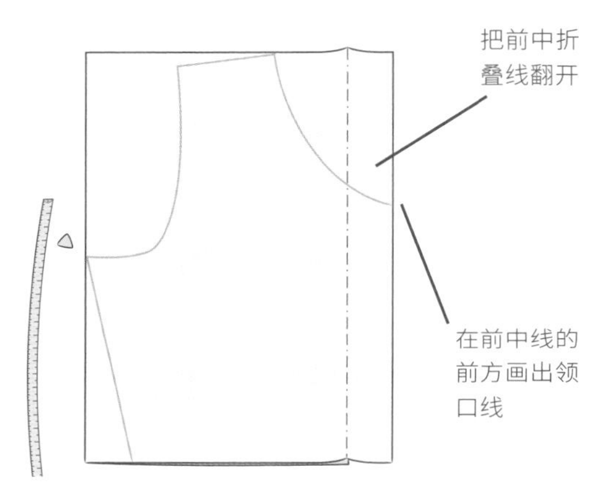

前衣片

后衣片

2 把前后衣片分开。沿着前领围线和前袖窿裁剪。在后衣片画一道较浅的领口线，然后沿着线条裁剪。

3 使用面布作为模板，裁剪出里布和黏合衬的前衣片和后衣片。在所有的里布层、前衣片折痕的最顶端和最底端上打剪口。这条折痕就是前中心线。把黏合衬熨在面布衣片的反面。

4 按照衣身样板的制作步骤15～24（见28～30页），在面布和里布上标记和车缝垂直省、侧胸省。把衣身布片放在一边。

制作褶皱边

5 制作衣服下摆的褶皱边缘，需要先在你的腰围尺寸中再加入 7.5cm（3 英寸）。在计算第一半径长度时（见 49 页）你总会得到一个有小数点的数值，对于这个款式来说，你需要将它四舍五入到最接近的整数，即 0.25、0.5 或 0.75 等小数也可以。然后算出你的第二半径，然后加入 10cm（4 英寸）。

6 按照本书 50 页的全喇叭裙样板的制作步骤，沿着折痕把褶边布料对折一次后再继续对折一次，然后熨烫。旋转并标记出第二半径加上 5cm（2 英寸）后的长度，画出间隔均匀、紧密的虚线。当把所有的标记连接起来后，就会形成一个平滑的 1/4 圆。裁剪面布的 1/4 圆，把里布也同样折叠，将已经裁剪好的面布布片作为模板来裁剪出对应的里布布片。

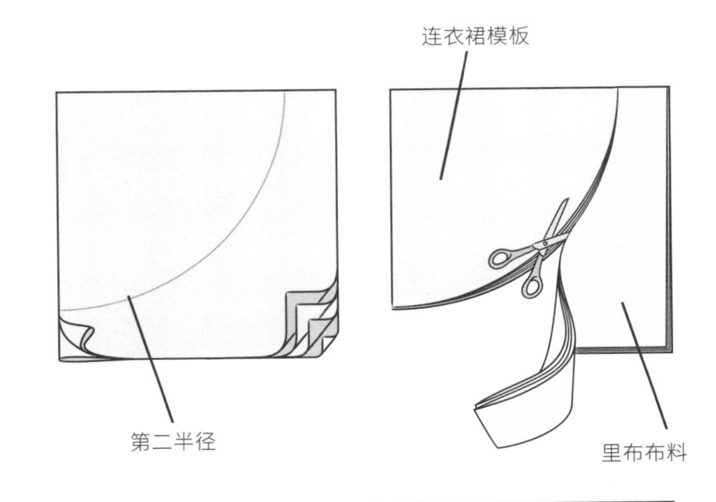

7 制作面布的褶边装饰，沿着两个可见折痕的边缘拿起最上层布料的底边，向上移动 7.5cm（3 英寸）并熨烫。对里布也是同样的做法。

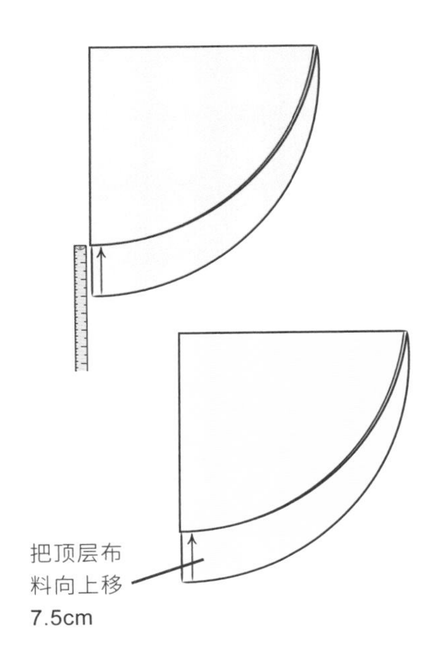

8 在面布和里布的布角处旋转并标记出第一半径（见 47 页），然后将其裁剪出来。在面布、里布两块布片上同时裁剪开较短的折边，然后放在一旁。

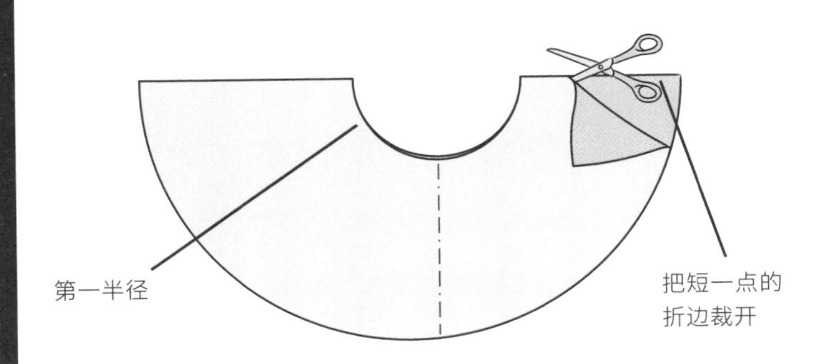

裁剪领片

9 拿出衣片并测量出前领围与后领围加起来的总长度，这就是衣领的长度。裁剪衣领，先拿一块宽 40.5cm（16 英寸）的布料来量出衣领的长度。沿着长边和中间的剪口对折一半。用对折的衣领作为模板去裁剪一些黏合衬，注意不要裁剪到折痕的边缘里面。把黏合衬熨到领片其中一半的反面。

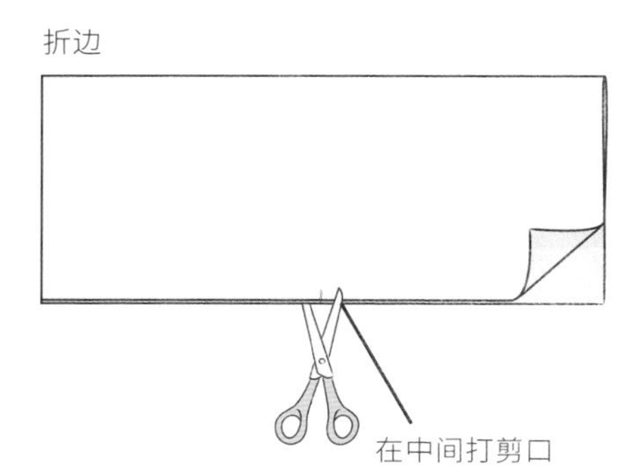

10 按照合体盖肩袖的制作方法（见 58 页），裁剪出一对面布袖子，然后将其作为模板裁剪出里布袖子。

缝合衣身

11 将布料正面朝上，沿着前中心折叠线把左前衣身布片覆盖在右前衣身布片上方，然后沿着前中心折叠线用珠针固定。

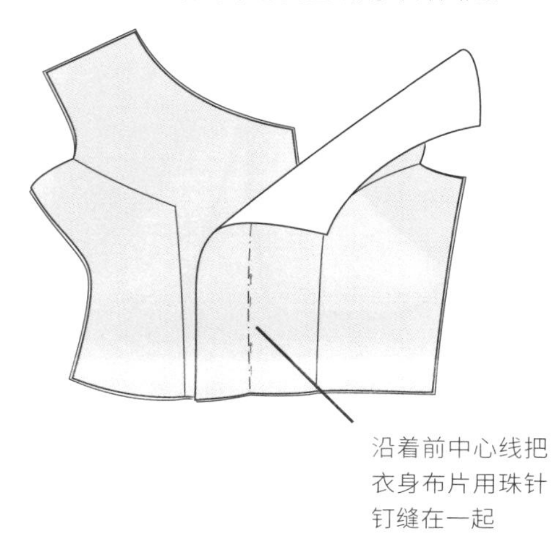

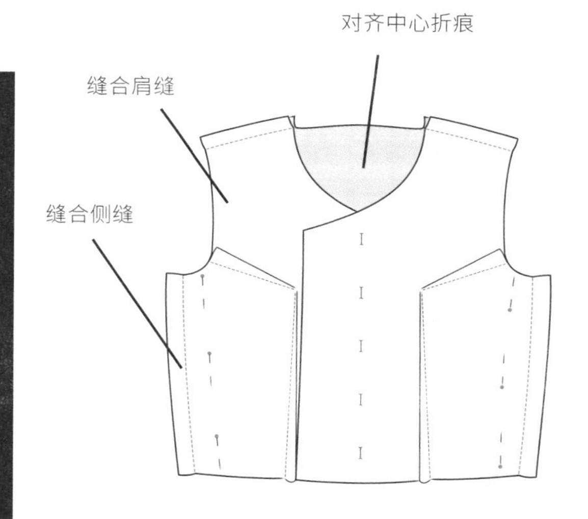

12 把前衣片放在后衣片上方并正面相对，对齐中心折叠线。用珠针固定并车缝侧缝与肩缝线。

13 把前中心线的珠针拆掉，检查一下合体度，并做一些必要的调整。

14 把衣身面布的侧缝缝份和肩缝缝份复制到里布布片上并车缝，在其中一侧的侧缝上留出一道 20cm（8 英寸）的缺口不缝合。

15 展开面布和里布的褶边装饰环形布片，把其中一块放在另一块的上面，正面相对。除了内圆环外，把所有边缘都车缝，并取 1.5cm（0.625 英寸）的缝份。修剪布角，并在圆环的周围打剪口。把缝份用暗包缝缝到里布中并熨烫。

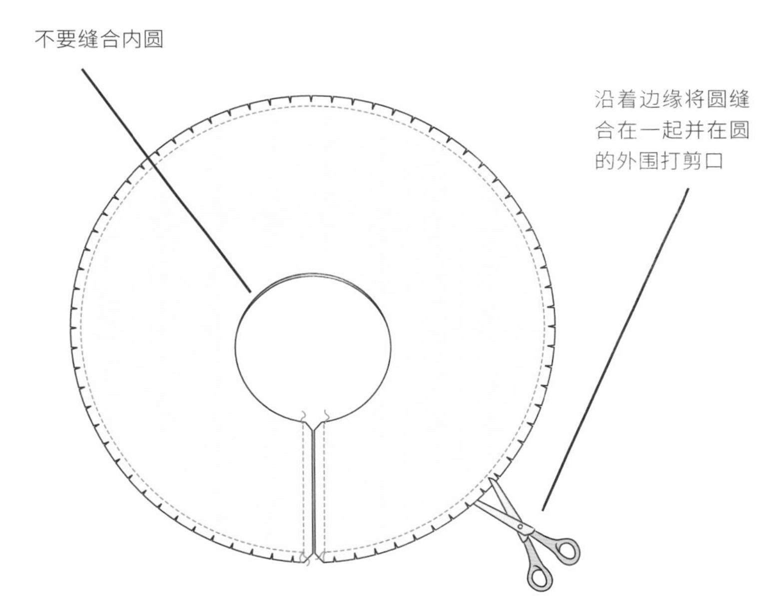

16 用珠针把褶边装饰布片的后中心线固定到衣身布片的后中心线上并正面相对，然后把褶边装饰布片的前中心线用珠针固定到衣身前布片边缘两端往里 1.2cm（0.5 英寸）的地方。沿着腰缝线用珠针固定褶边装饰布片，当车缝时就松开布片以对位腰部。在对应的位置车缝。

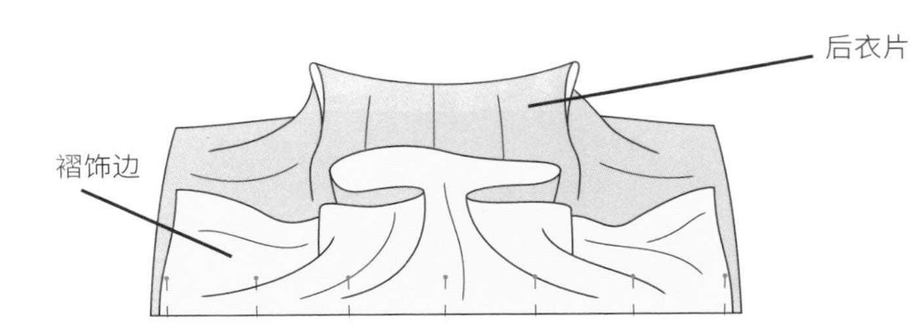

说明

如果你发现你的褶边装饰布片太大而位置不够与腰位对缝，那就把过多的布料在后中心线处做成一个箱形褶裥，将它作为一个细节设计。

缝合领子和袖子

17 将布料正面相对，把衣领的短边车缝起来并修剪领角。把衣领的正面翻出来并熨烫。

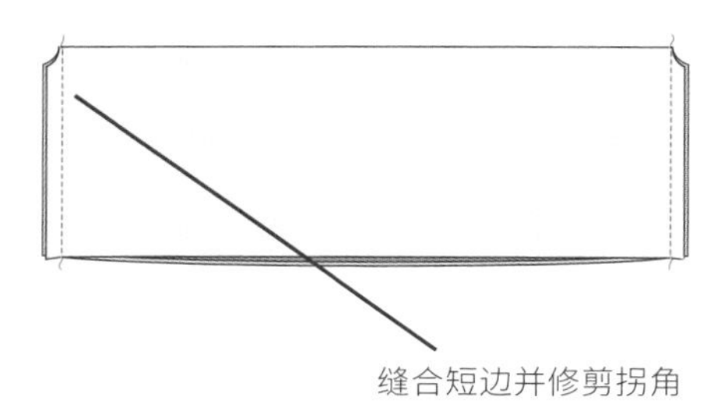

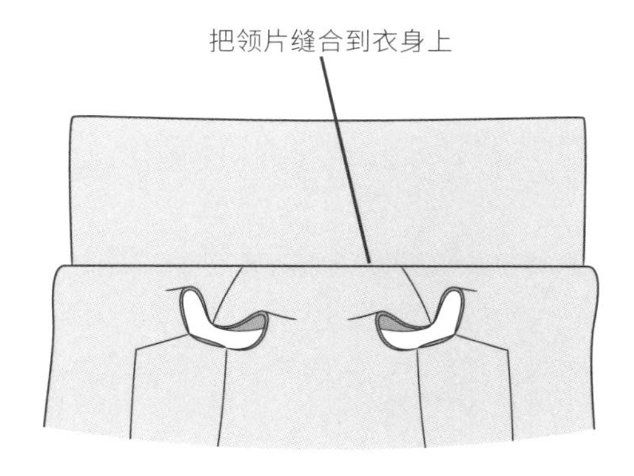

18 将布料正面相对，取 1cm（0.375 英寸）的缝份，把衣领车缝到衣身衣片的领口线上，从开始到结束车缝都要保持距离缝合边缘 1.2cm（0.5 英寸）远。

19 按照本书 58 页的制作方法，车缝袖子并把面布袖子与里布袖子分别车缝到夹克面布衣身和里布衣身上。

缝合里布

20 确保面布衣身及里布衣身上的袖子都是反面朝外。将夹克放平，正面朝上，把褶边装饰布片和衣领翻转，这样可以把它们的接缝都露出来。

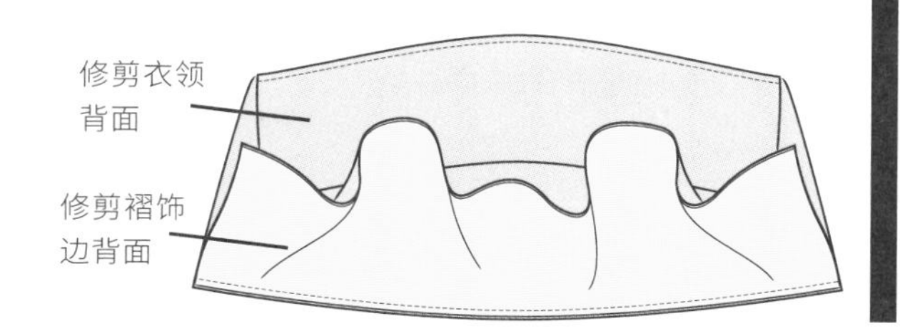

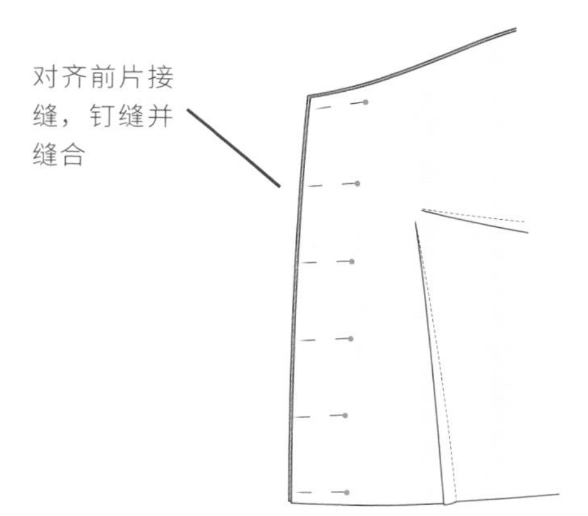

21 把里布放在面布上方，正面朝下，对齐前衣片的接缝线，用珠针固定。沿着前片接缝线将里布车缝到夹克的面布上，把正面翻出来，接缝用暗包缝缝到两侧边缘的里布中，然后熨烫。

22 把夹克的里面再次翻出来，对齐领围线与腰围接缝线，缝合接缝并修剪衣角。

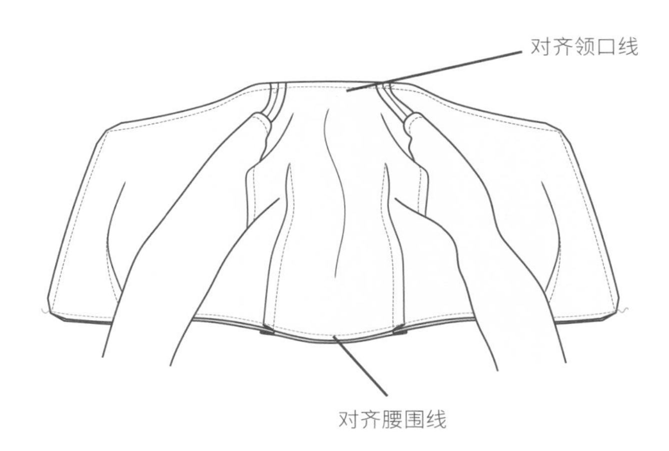

23 将布料正面相对，对齐接缝，把袖子面布的袖口与袖子里布的袖口车缝在一起。

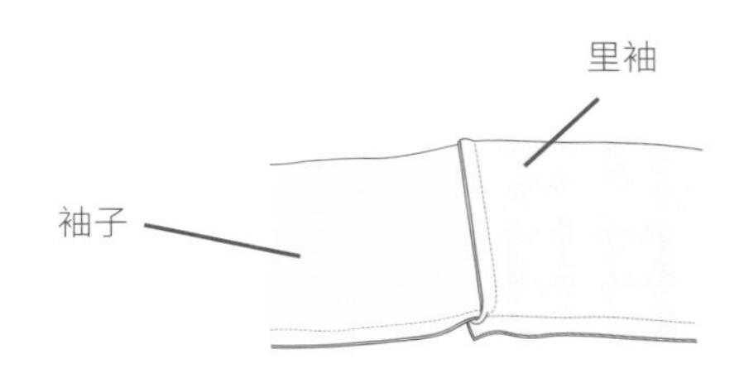

24 通过在里布侧缝留下来的缺口处把夹克的正面从中翻出来，用暗针把缺口缝好。熨烫腰位和领口接缝处。

25 用缝纫机在右前片门襟边缘内侧 2cm（0.75 英寸）的地方做出扣眼，然后把纽扣钉缝在左前片相应的位置上。

款式变化

这个版本是由灰色的格子羊毛布料制作的，可以用来搭配铅笔裙（见 108 页）。我已经把袖山增高，以做出夸张的泡泡袖效果。如果你想做不同的袖子款式，可以参考 54 页袖子样板的制作。

鱼尾晚礼服裙

说明

通常只需将布料的正面对折起来，除非有特殊说明。有一点非常重要，就是对折叠过的折痕进行熨烫以形成明确的折痕。一般情况下会取 1.2cm（0.5 英寸）的宽作为缝份，除非另有说明。

所需测量尺寸

水平测量尺寸（见 16 ～ 17 页）

• 肩宽　• 前胸宽　• 后背宽
• 胸围　• 下胸围　• 腰围
• 臀围　• 腕围

垂直测量尺寸（见 17 页）

• 肩至前胸宽线　• 肩至后背宽线
• 肩至胸围线　• 肩至下胸围线
• 肩至腰围线　• 肩至臀围线
• 腋下长

其他测量尺寸（见 17 页）

• 乳间距　• 臂围
• 肘围　• 袖长
• 肘长

所需样板

连衣裙样板（见 32 页）
袖子样板（见 54 页）

所需布料量

连衣裙布料量

肩部到底摆长度的 5 倍

里布布料量

宽边 = 臀围尺寸＋35.5cm（14 英寸）
长边 = 上胸围到底摆的长度＋2.5cm（1 英寸）

涤棉布料量（用于模板）

宽边 =（臀围尺寸＋35.5cm［14 英寸］）÷2
长边 = 肩部到底摆的长度

所需工具

• 用于制作模板的涤棉布或纸
• 面布　• 里布
• 塑胶羽骨　• 隐形拉链（见 13 页）
• 与布料颜色匹配的缝纫线，加上对比鲜明的缝线用作粗缝
• 裁布专用剪刀　• 直尺
• 卷尺　• 熨斗和熨烫板
• 布料记号笔　• 缝纫机
• 珠针　• 隐形拉链压脚
• 包缝机（可自选）

提到长礼服，我的第一反应就是一款性感的鱼尾长裙，因为我觉得它非常实用并且女性味十足。它可以用作婚礼长裙、伴娘礼服、晚会礼服或正式的舞会礼服。尝试不同的面料，添加装饰和饰边，这些都会使服装成为你独一无二的单品。

制作模板

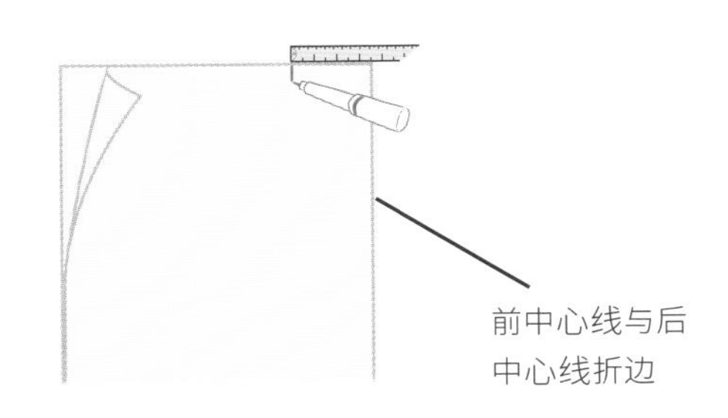

1 我用涤棉布去制作模板，但是你可以根据自己的喜好来选择制作模板的布料。越过幅宽把模板布料对折一半并熨烫折痕。折痕既是前中心线也是后中心线。沿着最顶端的边缘，从中心折叠处着手，测量和标记出乳间距的 1/2 长。

2 记下你的肩膀到上胸围的长度再减去 1.2cm（0.5 英寸）后的数值，把卷尺放在顶边。举个例子，如果你肩膀到上胸围的尺寸是 15cm（6 英寸），那么你的卷尺上 13.8cm（5.5 英寸）的位置将会与模板布料的顶边齐平。把你的卷尺放在那里，然后分别标记出垂直尺寸：21.5cm（8.5 英寸）（这是你的胸围线），然后是肩部到下胸围线，肩部到下腰围线，肩部到臀围线，肩部到膝围线的长度。

21.5cm（胸围线）

肩至下胸围线

肩至腰围线

肩至臀围线

肩至膝围线

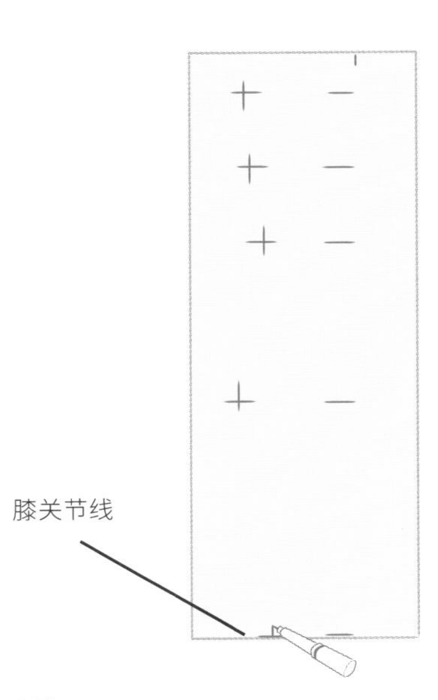

3 沿着这些参考点，用一个小十字标记出相应的水平测量尺寸：胸围线和臀围线都除以 4 再加上 5cm（2 英寸）后的长度；腰围线和下胸围线都除以 4 再加上 7.5cm（3 英寸）后的长度。在膝关节线（底边）上，标记出你的腰围尺寸除以 4 再加上 2.5cm（1 英寸）后的长度。

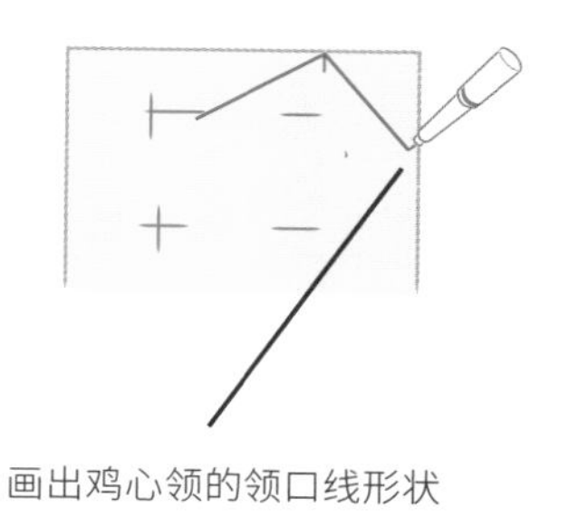
画出鸡心领的领口线形状

4 从胸围线的十字标记开始，画一条朝向中心折叠线、长度为5cm（2英寸）的水平线。然后从这条直线的末端开始，画一条朝上的对角线并连接到顶边的标记上。为了画出鸡心领的领口，先从顶边的标记开始画一条朝向中心折叠线的对角线，并相交在顶边角下方10cm（4英寸）的位置。（这个深度主要取决于你，你可以根据自己的喜好把鸡心领做得深一点或浅一点。）

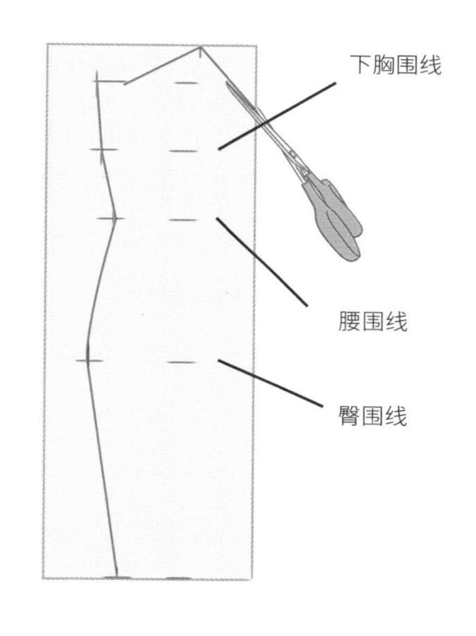

5 沿着两边把所有的十字标记连接起来，确保臀部附近的线条都是圆顺的。沿着画好的线条裁剪所有布层，然后在下胸围线、腰围线及臀围线处打剪口。通过把中心折叠线裁开，使前片和后片分开。

6 着手制作后裙片，从胸围水平线内端的点开始画出一道凹形弧线，一直到鸡心领领口线最低点向下2.5cm（1英寸）的位置（再次提醒，你可以根据自己的喜好决定这个位置点的高低。）沿着这道凹形弧线裁剪。

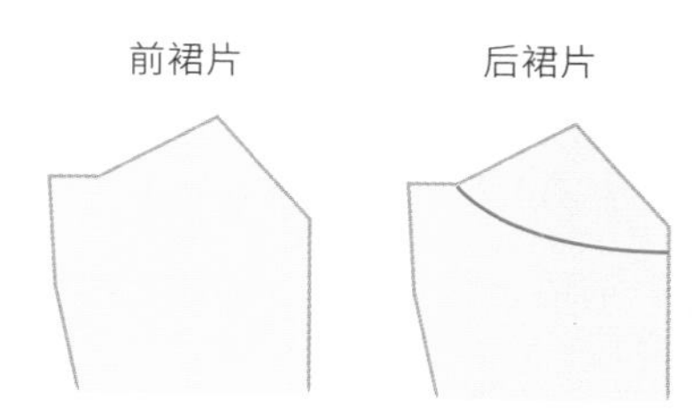

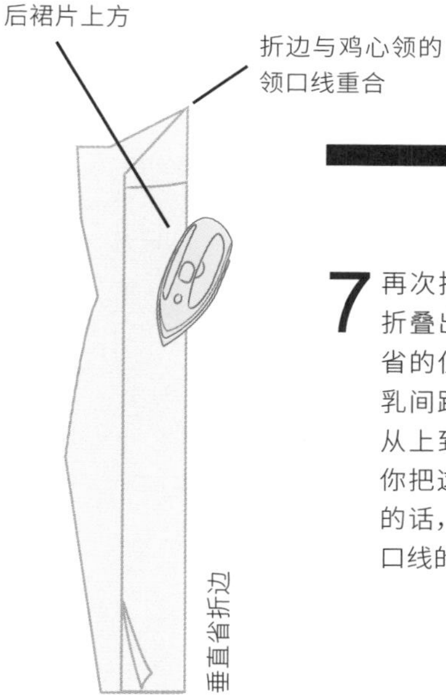

7 再次把前裙片放在后裙片上，折叠出一个垂直省，这个垂直省的位置是在从中心折叠线到乳间距中间的地方。沿着裙片从上到下熨烫这道折痕。如果你把这个垂直省的折叠做正确的话，它应该会截取在鸡心领口线的点上。

8 按照本书 32 页的连衣裙样板的制作步骤 20 ～ 21，标记出垂直省，记住始终在省折线的左边画出省道的形状，并且先不要标记出侧胸省。在前裙片上，胸省将会在鸡心领领口线的最高点处；胸省宽度为 2.5cm（1 英寸），长度为 7.5cm（3 英寸），到距离折叠处 6mm 的位置结束。在腰围线处和下胸围线水平处的省是 2.5cm（1 英寸）深，平时常见的 1.2cm（0.5 英寸）的深度并不适用于此，因此要从折痕处标记出省的深度与长度，并用直线连接这些标记点。然后从腰围水平线开始画出一条向上的线条，总长是 16.5cm（6.5 英寸），这条线经过下胸围线的标记，并对角指向省道的折痕线，另一条长 18cm（7 英寸）的线条则向下延伸到省折痕线。在裙片的背面，省距离最顶端边缘上是 1.2cm（0.5 英寸）深。

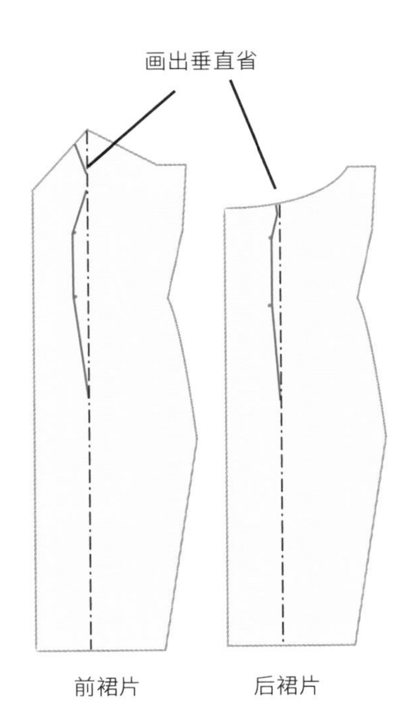

9 把前裙片和后裙片的省道缝合。要注意的是，前裙片的省道是分开的两个部分，但是车缝时要缝合成一个连贯的省。沿着垂直的折痕线折叠布料。从胸省开始车缝，当接近实线末端时，要从折叠处继续车缝 6mm（0.25 英寸）的长度，直到到达另外一道省线为止。把省道朝向侧缝方向熨烫。

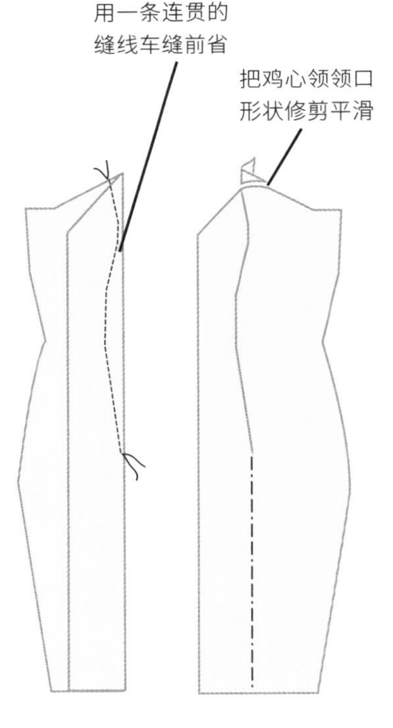

说明

不用担心边缘不能和鸡心领的最高点或者后裙片的最顶端重合。因为当你缝合省道时，只需简单地把省道线推向侧缝线并抚平鸡心领的领口线便可。

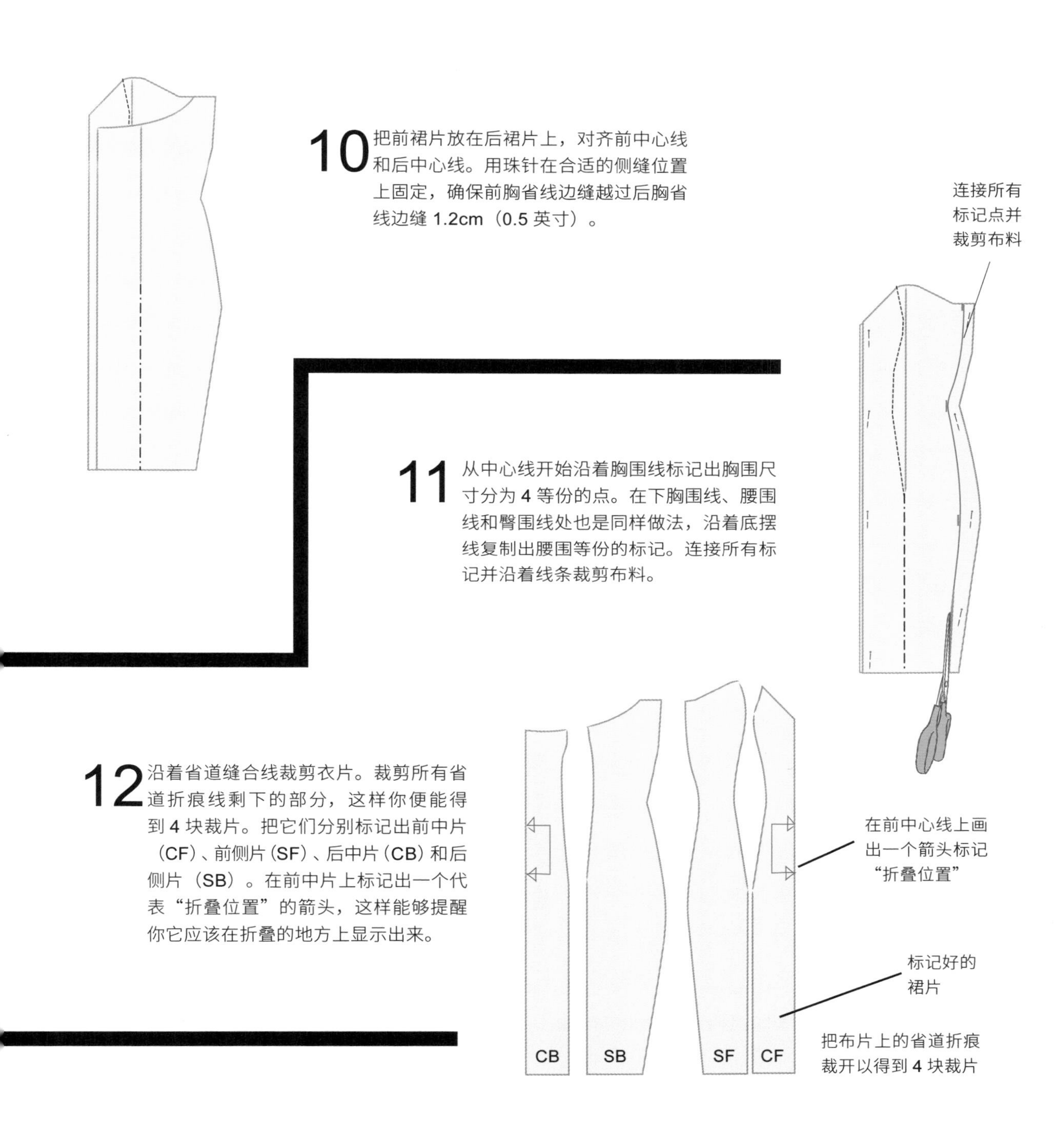

10 把前裙片放在后裙片上，对齐前中心线和后中心线。用珠针在合适的侧缝位置上固定，确保前胸省线边缝越过后胸省线边缝 1.2cm（0.5 英寸）。

11 从中心线开始沿着胸围线标记出胸围尺寸分为 4 等份的点。在下胸围线、腰围线和臀围线处也是同样做法，沿着底摆线复制出腰围等份的标记。连接所有标记并沿着线条裁剪布料。

12 沿着省道缝合线裁剪衣片。裁剪所有省道折痕线剩下的部分，这样你便能得到 4 块裁片。把它们分别标记出前中片（CF）、前侧片（SF）、后中片（CB）和后侧片（SB）。在前中片上标记出一个代表“折叠位置”的箭头，这样能够提醒你它应该在折叠的地方上显示出来。

13 计算出用你的肩膀到地面的长度减去你的肩膀到膝盖的长度后的数值。如果你穿这条裙子时要搭配高跟鞋，那么把高跟鞋鞋跟的高度也计算在内，当测量你的肩膀到地面的长度时就要额外增加一点数值。我觉得鱼尾礼服裙有一点拖地的感觉会相当不错，因此如果你想要这种效果的话，那就再加长 7.5cm（3 英寸）。

裁剪面布与里布

14 在一块长布片上着手裁剪面布。选取面布的其中一端，纵向对折一半，这样布边就能与布边对齐，然后把前中片的模板放到对折线上。从模板的最底端边缘开始，用虚线在面布上标记出裙子剩下的长度，使底边的宽度至少是模板底摆宽度的两倍长度。（你可以把宽度延伸至这个数值之外，延伸的宽度越大，你的鱼尾礼服裙的裁剪效果就会越惊艳。）

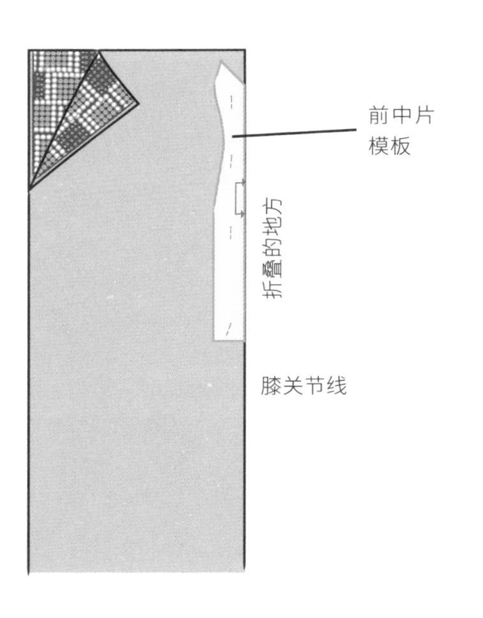

15 当延伸的宽度超越了膝盖的底摆宽度，那么你就需要把卷尺放在模板的外边缘的角落上，无论你决定延伸底边长度有多宽，都要以这个角落点为圆心旋转卷尺并标记出相同的裙子剩下的长度。从膝关节线开始（以刚才选择的角落点为圆心），向外画出这个裙子剩下长度的斜线，使延伸的底边与这条斜线相连。

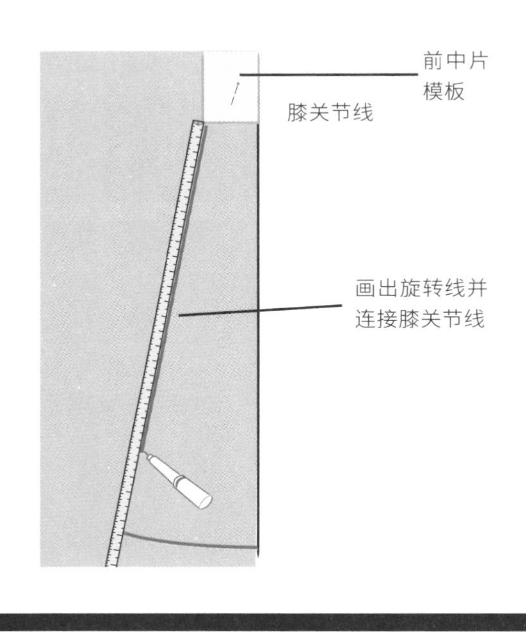

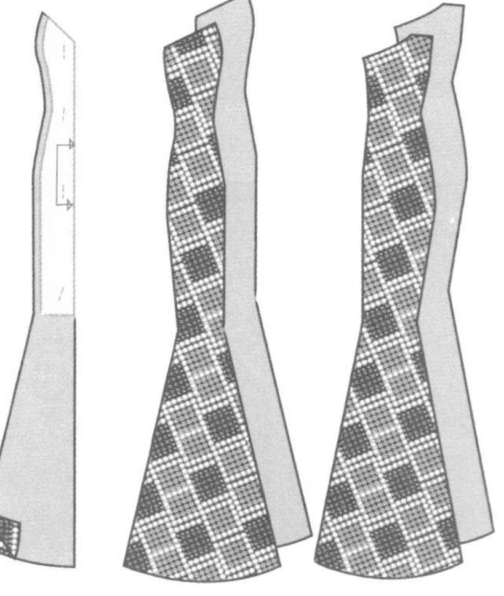

16 沿着线条和模板裁剪，在已经画好的斜线、模板的最外边缘向外加上 1.2cm（0.5 英寸）的缝份。注意不要在任何一块裁片的领口线或底摆边加上缝份，以同样的方法在前侧片与后侧片上加缝份。请记住，这些裁片是没有对折线的，因此把这些模板放在折叠好的面布的中间位置，不要放在对折线上，在这些裁片的膝关节线边缘以同样的方法画出底边的延长线。把剪口从模板转移到面布上。

17 对于后片，沿着布边把剩下的面布对折一半。我的裙子以一个拖裾为特点，但是你可以把它去掉或把它延长得更大。将模板放在面布中间，把省道边缘扩宽到你希望的地方。从后中片边缘开始，把后中片边缘再次扩宽到你希望的地方，但这次要将膝关节线扩宽得比之前还要长，达到 30.5cm（12 英寸）。当在后中心线上画出斜线时，从膝关节线以上 15cm（6 英寸）的地方开始画出，并连接膝关节处的扩宽点。

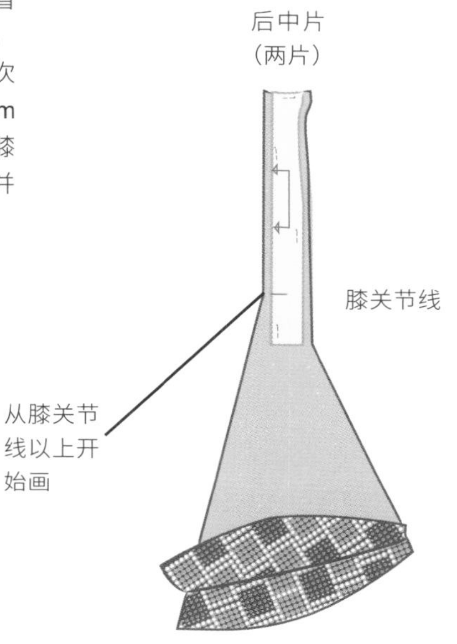

18 用模板裁剪出里布布片。里布并不需要在膝盖外置向外延伸。注意在裁剪时要加上 1.2cm（0.5 英寸）的缝份，如同步骤 21 的做法。

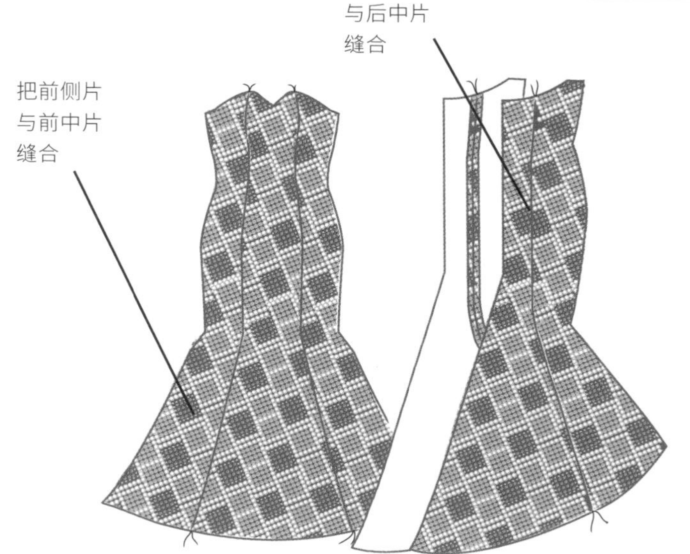

缝合连衣裙

19 将布料正面相对，把两块前侧接片省道线所在的一边与前中片对应的边缘缝合，后侧接片省道线所在的一边与后中片对应的外边缘缝合，然后把接缝线熨开。里布也采用同样的做法处理。

安装羽骨

我们将会在里布的前片和后片的省道线上装上羽骨。通常，也可以在侧面嵌片装上羽骨并一直向下延伸至下腹部，但是我发现这样穿上身不太舒适，因此我在这里介绍如何把它装入省道里面，长度只延伸至腰围水平线的位置。

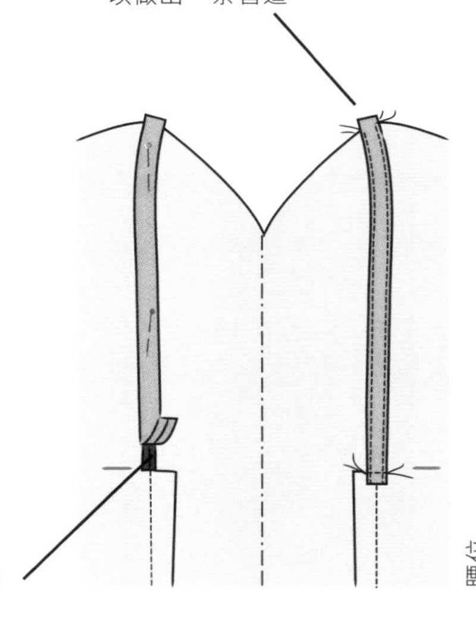

20 在所有里布布片的反面标记出腰围线的位置。从腰位以上开始把省道接缝线修剪到 6mm（0.25 英寸）宽，然后把接缝线熨开。把斜裁的滚条中心放在接缝线上，然后车缝滚条的两侧边缘，以在滚条中间形成一条管道。这条滚条一直延伸至腰围线以下 1.2cm（0.5 英寸）处。在腰围线上横向车缝羽骨管道的底边。

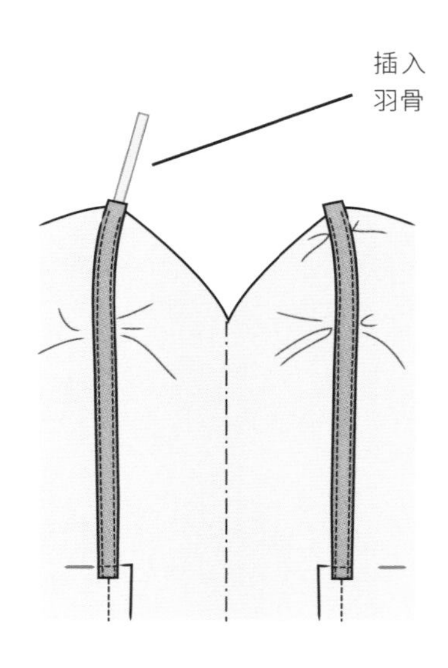

21 把羽骨插进管道里面，在比管道短 1.2cm（0.5 英寸）的地方剪断羽骨。塑料羽骨经常会弯曲，因为其通常以一卷线的状态存放，所以要确保其弯曲的形状能否对应其插入的部位的形态。

缝合连衣裙

22 按照本书 13 页的讲解，在面布的后中片处装上一条隐形拉链。

23 把布片正面相对，前裙片放在后裙片上，缝合侧缝线。对里布片重复同样的做法。

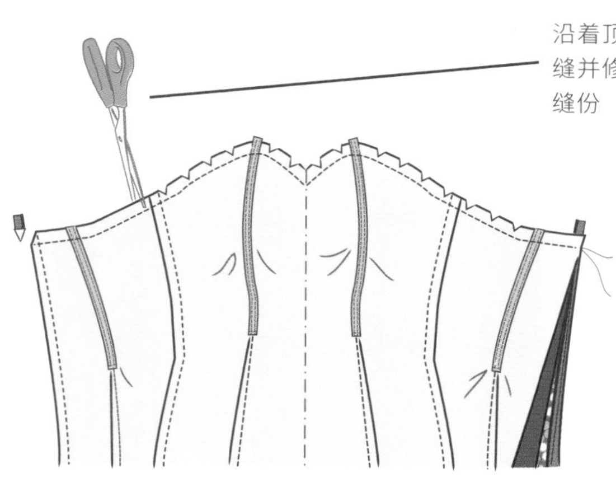

24 把里布放在连衣裙面布上，对齐领口线和接缝。沿着顶边边缘车缝一圈，然后修剪弧形边缘的接缝。把接缝用暗包缝缝进里布里面（见 10 页）。

25 将布料正面相对，把里布和面布沿着后中接缝缝合在一起，并放在拉链齿后方。修剪拉链头的顶角处以减少布料堆积。

款式变化

这个版本的鱼尾裙带有明显的婚礼礼服的感觉。它是用比较有垂感的缎背绉制作，并在紧身胸衣上添加了蕾丝点缀装饰。

26 继续缝合里布的后中接缝，在底摆边以上 15cm（6 英寸）的地方结束。把里布后中接缝剩下的未缝合部分做 Z 字缝或锁边缝处理。

27 包缝里布底摆或用卷边机把里布的底摆锁边（见 12 页）。用卷边机把裙子的面布底摆包边。

SHIRTS
UNDERWEAR
SOCKS

图书在版编目（CIP）数据

量体裁衣 ：服装款式制作与裁剪实例教程 /（英）沙妮娜•巴利编著 ；邓胜立，薛嘉雯，蔡善文译．-- 北京 ：人民邮电出版社，2018.11
ISBN 978-7-115-49187-9

Ⅰ．①量… Ⅱ．①沙… ②邓… ③薛… ④蔡… Ⅲ．①服装量裁－教材 Ⅳ．①TS941.631

中国版本图书馆CIP数据核字（2018）第194341号

内容提要

在服装制作中，裁剪是非常重要的一个环节，方法也多种多样。其中平面裁剪凭借较强的稳定性，经常用于日常生活所穿衣物的工业化生产和个人制作中；平面裁剪的理论和操作便于初学者学习、掌握和运用，如松量的控制、裁剪尺寸的计算公式等。

本书分为 3 章：第 1 章是关于服装平面裁剪和徒手缝纫的介绍，包括缝纫必备工具、缝制技法和测量尺寸；第 2 章是女装基本款的样板制作讲解，包括衣身、连衣裙、半裙、喇叭裙和袖子；第 3 章是女装的 15 个经典款式制作讲解，包括超长裙、蝙蝠袖上衣、简易雪纺外套、长后摆上衣、箱形上衣、双圆裙、铅笔裙、褶饰底摆连衣裙、晚礼服约会裙、天鹅绒裹身裙、包身超长裙、交叉式上衣、山形斜纹无领夹克、不对称腰部褶饰夹克和鱼尾晚礼服裙等。

本书图文并茂、讲解清晰，适合服装设计爱好者和从业者，服装美学工艺设计、服装裁剪工艺和服装制作的从业人员阅读参考，也适合各大院校服装专业的学生使用。

◆ 编　　著　[英]沙妮娜•巴利
　译　　　　邓胜立　薛嘉雯　蔡善文
　责任编辑　王　铁
　责任印制　陈　犇
◆ 人民邮电出版社出版发行　北京市丰台区成寿寺路 11 号
　邮编　100164　电子邮件　315@ptpress.com.cn
　网址　http://www.ptpress.com.cn
　北京市雅迪彩色印刷有限公司印刷
◆ 开本：787×1092　1/16
　印张：12　　　　2018 年 11 月第 1 版
　字数：420 千字　　2018 年 11 月北京第 1 次印刷
著作权合同登记号　图字：01-2017-2156 号

定价：78.00 元

读者服务热线：(010)8105296　印装质量热线：(010)81055316
反盗版热线：(010)81055315
广告经营许可证：京东工商广登字 20170147 号